国网山东省电力公司应急管理中心 组织编写

电力应急救援培训系列教材

配电线路应急救援

张治取 主编

中国水利水电出版社
www.waterpub.com.cn

·北京·

内 容 提 要

本书是《电力应急救援培训系列教材》中的一本，针对电力企业的配电事故和自然灾难对配电设施的破坏，结合当前电力应急救援工作的实际，在国家电网公司山东应急管理中心应急救援实训场培训讲义的基础上，几易其稿，形成《配电线路应急救援》一书。本书共分三篇：配电线路自然灾害风险识别、配电线路洪涝灾害抢险、配电线路杆塔高空应急救援。第一篇分三章，主要内容包括自然灾害对配电设施的危害、配电设施灾后风险识别、配电抢修作业内容及危险点与防范措施；第二篇分三章，主要内容包括洪涝灾害危险与防范、船艇抢险技能、配电抢修技能；第三篇分四章，主要内容包括高空伤害救援基础知识、高空救援基本技能、高空伤害现场医疗急救、高空救援技术方案。

本书可作为电力应急救援基干分队的实用培训和演练教材，也可作为供企事业单位配电工人提高业务水平和应急救援能力的参考读物。

图书在版编目（CIP）数据

配电线路应急救援 / 张治取主编；国网山东省电力公司应急管理中心组织编写. -- 北京：中国水利水电出版社，2019.12（2021.12重印）
电力应急救援培训系列教材
ISBN 978-7-5170-8278-1

Ⅰ．①配… Ⅱ．①张… ②国… Ⅲ．①配电线路—突发事件—救援—技术培训—教材 Ⅳ．①TM726

中国版本图书馆CIP数据核字(2019)第280780号

书　　　名	电力应急救援培训系列教材 **配电线路应急救援** PEIDIAN XIANLU YINGJI JIUYUAN
作　　　者	国网山东省电力公司应急管理中心　组织编写 张治取　主编
出 版 发 行	中国水利水电出版社 （北京市海淀区玉渊潭南路1号D座　100038） 网址：www.waterpub.com.cn E-mail：sales@waterpub.com.cn 电话：(010) 68367658（营销中心）
经　　　售	北京科水图书销售中心（零售） 电话：(010) 88383994、63202643、68545874 全国各地新华书店和相关出版物销售网点
排　　　版	中国水利水电出版社微机排版中心
印　　　刷	天津嘉恒印务有限公司
规　　　格	184mm×260mm　16开本　12印张　292千字
版　　　次	2019年12月第1版　2021年12月第2次印刷
印　　　数	3001—5000册
定　　　价	**82.00元**

《配电线路应急救援》
编　委　会

主　　编　张治取

副 主 编　魏　峰　宫梓超

编写人员　闫　斌　卢志国　孙文浩　唐国平　李克宁　徐保庆

　　　　　王晓宙　王晋生

前　言

　　配电线路直接联系着千家万户，线路多而复杂，特别是农网线路供电半径长，且全部为放射式供电线路。经过近年来的城网、农网改造，线路抵抗自然灾害事故能力得到显著提高，但在恶劣天气及自然灾害发生时，配电线路受损还会很严重，抢修现场安全风险无处不在，作业人员对风险识别的错判、误判时有发生。为了提高电力应急救援基干队伍的救援能力，在真正的自然灾害面前能够拉得出、用得上，不会"掉链子"，国网山东省电力公司应急管理中心因地制宜，建起了配电设施自然灾害风险识别灾难体验场地，模拟台风、地震、洪涝等自然灾害对配电设施造成的不同程度的损坏，旨在培养电力员工对灾害现场风险识别能力，在确保安全的前提下制订特殊的抢修方案，提高电力员工的灾后应急处置能力。

　　配电设施自然灾害风险识别灾难体验场地由 10kV、0.4kV 架空配电线路和电缆、变压器、环网柜、电缆分支箱、光伏发电、自备电源、低压接户线、居民客户计量箱及湖泊、水道、农田等组成。可以在实训场地进行以下应急处置能力的培养和演练：一是实现灾后配电架空线路杆塔倾斜、断杆事故的正确处置；二是实现灾后配电架空线路接地、短路、断线事故的正确处置；三是实现灾后配电电缆线路的故障分析、查找及正确处置；四是实现灾后配电变压器、开关等设备维修、更换的正确处置；五是实现灾后光伏发电、自备电源灾后危险点的认知和正确处置；六是实现灾后配电架空线路树木、异物清理正确处置；七是实现驾驶舟艇运送救灾物资救助被困人员的正确处置；八是实现驾驶舟艇来到损坏电杆前抢修的正确处置；九是实现员工灾后风险辨识及避险、自救互救应急处置。

　　除了中心城区使用电力电缆线路以外，城市的大部分城区和农村都使用架空配电线路。高空作业通常是指高处作业，国家标准规定凡是在离基准面 2m 以上的地方作业都属于高处作业。架空配电线路的施工人员、运行维护人员、检修人员，为把光明带给千家万户发挥了无比重要的作用，付出了血汗，甚至宝贵的生命。由于电网企业员工配电线路高空伤害救援技能的缺失，如救援人员身体素质差特别是心理素质较差，缺乏基本的救援知识和处置技能，救援装备使用不当，发生配电线路高空伤害事故时，束手无策，手忙脚乱等，对伤者现场应急救援处置不当，经常会造成本不应该发生的丧命或终身残疾事故。

因此，对电网企业员工进行配电线路高空伤害救援培训和演练也是十分必要的。救援培训和演练并不是要在应急救援实训场地把每一位员工都培养成为技术精湛的专业救援人员，而是要让员工学会现场自救、现场互救、现场急救的知识和技能，在面对突然来临的危险时，在没有医疗医务人员和专业救援人员的情况下，正确及时地进行避险逃生、自救和互救，并应用所掌握的急救知识和技能，依靠自己的一双手，在第一时间，第一现场，做出第一个反应，第一个行动，开展现场急救，以减缓伤患者的伤痛，挽救自己或他人的生命。

《配电线路应急救援》一书就是为了认真贯彻落实《中华人民共和国安全生产法》和《国家电网公司关于强化本质安全的决定》，全面管控安全事故风险，突出预防、预控和源头安全，始终把生命安全放在第一位，牢牢坚守"发展决不能以牺牲人员生命为代价"这条红线，结合电网企业配电高空伤害救援工作的实际和特点而编写的。本书同时结合电网企业配电线路日常工作组织形式，按照"先救命，后治伤，再脱困"的顺序，针对每种场景提供了一种或多种救护方案，可根据现场实际情况选择使用。本书提出了配电线路高空救护的基本原则、救护技术要点，力求提供一套符合配电线路高处作业实际，能够满足大多数高处伤害基本场景需求的救护方案。编写本书的另一个目的是为了提高电力应急抢险救援人员的防洪减灾水平，高效有序地做好洪涝灾害的抢险救灾工作，最低限度地减轻自然灾害损失，依据《中华人民共和国安全生产法》《中华人民共和国突发事件应对法》《中华人民共和国防洪法》及《生产经营单位生产安全事故应急预案编制导则》（GB/T 29639），闻"汛"而动，积极应对，履职尽责，彰显电力铁军精神，当面对道路冲毁、桥梁倒塌、房屋受损、电杆倾倒、导线断落时，提出了切实可行的处置措施。

本书是《电力应急救援培训系列教材》中的一本，针对电力企业的配电事故和自然灾难对配电设施的破坏，结合当前电力应急救援工作的实际，在国家电网公司山东应急管理中心应急救援实训场培训讲义的基础上，几易其稿，形成《配电线路应急救援》一书。本书共分三篇：配电线路自然灾害风险识别、配电线路洪涝灾害抢险、配电线路杆塔高空应急救援。第一篇分三章，主要内容包括自然灾害对配电设施的危害、配电设施灾后风险识别、配电抢修作业内容及危险点与防范措施；第二篇分三章，主要内容包括洪涝灾害危险与防范、船艇抢险技能、配电抢修技能；第三篇分四章，主要内容包括高空伤害救援基础知识、高空救援基本技能、高空伤害现场医疗急救、高空救援技术方案等。本书是电力应急救援基干分队的实用培训和演练教材，也可作为企事业单位配电工人提高业务水平和应急救援能力的参考读物。

本书在编写过程中参考了大量有关自然灾害和应急救援类的文献，吸收了最新应急救援的科研成果，在此，谨向文献的作者表示诚挚的谢意。在成书的过程中得到山东蓝天救援队的大力支持，在此一并表示衷心的感谢。

　　鉴于编者水平有限，时间仓促，书中难免有不妥和错误之处，敬请读者批评指正，提出建议以及修改意见。

作者

2019 年 10 月

目 录

前言

第二篇 配电线路洪涝灾害抢险

第三篇　配电线路杆塔高空应急救援

◀ ◀ ◀ 第一篇

配电线路自然灾害风险识别

第一章

自然灾害对配电设施的危害

我国常见的自然灾害种类繁多，自然灾害是地理环境演化过程中的异常事件，是阻碍人类社会发展的最重要的自然因素之一。本章主要介绍地震、台风、冰雪、雷电、洪涝等对配电设施危害比较大的自然灾害情况。

第一节　地震灾害对配电设施的危害

一、地震及其破坏

（一）地震

1. 地震现象

地震又称地动、地振动，是地壳快速释放能量过程中造成的振动，期间会产生地震波的一种自然现象。地球上板块与板块之间相互挤压碰撞，造成板块边沿及板块内部产生错动和破裂，是引起地震的主要原因。地震开始发生的地点称为震源，震源正上方的地面称为震中。破坏性地震的地面振动最烈处称为极震区，极震区往往也就是震中所在的地区。

2. 地震震级

震级是地震大小的一种度量，根据地震释放能量的多少来划分，用"级"来表示，按震级大小可划分如下：

（1）弱震。震级小于 3 级。

（2）有感地震。震级等于或大于 3 级、小于或等于 4.5 级，这种地震人们能够感觉到，但一般不会造成破坏。

（3）中强震。震级大于 4.5 级、小于 6 级，属于可造成破坏的地震，但破坏轻重还与震源深度、震中距等多种因素有关。

（4）强震。震级等于或大于 6 级，其中震级大于等于 8 级的又称为巨大地震。

里氏 4.5 级以上的地震可以在全球范围内监测到。

3. 地震烈度

同样大小的地震，造成的破坏不一定相同；同一次地震，在不同的地方造成的破坏也不同。通常用地震烈度来衡量地震的破坏程度。影响地震烈度的因素有震级、震源深度、距震源的远近、地面状况和地层构造等。一般情况下仅就地震烈度和震源、震级间的关系来说，震级越大，震源越浅，地震烈度也越大。一般震中区的破坏最重，地震烈度最高，这个地震烈度称为震中烈度。从震中向四周扩展，地震烈度逐渐减小。所以，一次地震只有一个震级，但它所造成的破坏在不同的地区是不同的，可以划分出好几个地震烈度不同的地区。这与一颗炸弹爆炸后，近处与远处破坏程度不同道理一样。炸弹的炸药量，好比是震级；炸弹对不同地点的破坏程度，好比是地震烈度。

（二）地震灾害

地震常常造成严重人员伤亡，能引起火灾、水灾、有毒气体泄漏、细菌及放射性物质扩散等灾害，还可能造成海啸、滑坡、崩塌、地裂缝等次生灾害。

据统计，地球上每年发生 500 多万次地震，即每天要发生上万次的地震。其中绝大多数太小或太远，以致于人们感觉不到，真正能对人类造成严重危害的地震有十几次到二十次，能造成特别严重灾害的地震大约有一两次。人们感觉不到的地震，必须用地震仪才能记录下来，不同类型的地震仪能记录不同强度、不同远近的地震。世界上运转着数以千计的各种地震仪器，日夜监测着地震的动向。

1. 直接灾害破坏

地震直接灾害是地震的原生现象，是地震断层错动以及地震波引起地面振动所造成的灾害，主要有地面的破坏、建筑物与构筑物的破坏、山体等自然物的破坏（如滑坡、泥石流等），以及海啸、地光烧伤等。地震时，最基本的现象是地面的连续振动，主要特征是明显的晃动。极震区的人在感到大的晃动之前，有时会先感到上下跳动。因为地震波从地内向地面传来，纵波首先到达；横波接着产生大振幅的水平方向的晃动，是造成地震灾害的主要原因。1960 年智利大地震时，最大的晃动持续了 3min。地震造成的灾害首先是破坏房屋和构筑物，造成人畜的伤亡，如 1976 年中国河北唐山地震中，70%～80%的建筑物倒塌，人员伤亡惨重。

地震对自然界景观也有很大影响。最主要的后果是地面出现断层和地裂缝。大地震的地表断层常绵延几十至几百千米，往往具有较明显的垂直错距和水平错距，能反映出震源处的构造变动特征 。但并不是所有的地表断裂都直接与震源的运动相联系，它们也可能是由于地震波造成的次生影响。特别是地表沉积层较厚的地区，坡地边缘、河岸和道路两旁常出现地裂缝，这往往是由于地形因素，在一侧没有依托的条件下晃动使表土松垮和崩裂。地震的晃动使表土下沉，浅层的地下水受挤压会沿地裂缝上升至地表，出现喷沙冒水现象。大地震能使局部地形改观，或隆起，或沉降，使城乡道路坼裂、铁轨扭曲、桥梁折断。在现代化城市中，由于地下管道破裂和电缆被切断造成停水、停电和通信受阻。煤气、有毒气体和放射性物质泄漏可导致火灾和毒物、放射性污染等次生灾害。在山区，地震还能引起山崩和滑坡，常造成掩埋村镇的惨剧。崩塌的山石堵塞江河，在上游可形成地震湖（堰塞湖）。

2. 次生灾害破坏

地震次生灾害是直接灾害发生后，破坏了自然或社会原有的平衡或稳定状态，从而引发出的灾害，主要有火灾、水灾、毒气泄漏、瘟疫等，其中火灾是次生灾害中最常见、最严重的。

（1）火灾。地震火灾多是因房屋倒塌后火源失控引起的。由于震后消防系统受损，社会秩序混乱，火势不易得到有效控制，因而往往酿成大灾。

（2）海啸。地震时海底地层发生断裂，部分地层出现猛烈上升或下沉，造成从海底到海面的整个水层发生剧烈"抖动"，这就是地震海啸。

（3）瘟疫。强烈地震发生后，灾区水源、供水系统等遭到破坏或受到污染，灾区生活环境严重恶化，故极易造成疫病流行。社会条件的优劣与灾后疫病是否流行，关系极为密切。

（4）滑坡和崩塌。这类灾害主要发生在山区和塬区，由于地震的强烈振动，使得原已处于不稳定状态的山崖或塬坡发生崩塌或滑坡。这类次生灾害虽然是局部的，但往往是毁灭性的，使整村整户全被埋没。

（5）水灾。地震引起水库、江湖决堤，或是由于山体崩塌堵塞河道造成水体溢出等，都可能造成地震水灾。

（6）继发性灾害。随着社会经济技术的发展，地震还会带来新的继发性灾害，如通信事故、计算机事故等，这些灾害是否发生或灾害大小，往往与社会条件有着更为密切的关系。

3．破坏特点

（1）地震成灾具有瞬时性。地震在瞬间发生，地震作用的时间很短，最短十几秒，最长两三分钟就造成山崩地裂，房倒屋塌，使人猝不及防、措手不及。人类辛勤建设的文明在瞬间毁灭，地震爆发的当时人们无法在短时间内组织有效的抗御行动。

（2）地震造成伤亡大。地震使大量房屋倒塌，是造成人员伤亡的元凶，尤其一些地震发生在人们熟睡的夜间。据1988年"国际减轻自然灾害十年"专家组的不完全统计，20世纪全球地震灾害死亡总人数超过120万人，其中伤亡人数最多的是1976年7月28日中国唐山7.8级大地震，死亡24.2万余人，重伤16.4万余人。1900—1986年地震死亡人数占所有自然灾害死亡人数的58%，其中中国的地震死亡人数最多，占42%，主要原因是以前中国的房屋抗震能力差，人口密集。统计表明，约60%的死亡是抗震能力差的砖石房屋倒塌造成的。

（3）地震还易引起火灾、有毒有害气体扩散等次生灾害。1906年美国旧金山地震、1923年日本关东地震、1995年日本阪神地震等都引发大火，关东地震中死亡的14万人当中，约10万人因火灾死亡。

（三）地震逃生技巧

地震虽然目前是人类无法避免和控制的，但只要掌握一些技巧，也可以在灾难中将伤害降到最低。地震较大的晃动时间约为1min，在此短暂时间之内要迅速选择逃避场所。

（1）在重心较低且结实牢固的桌子下面躲避，并紧紧抓牢桌子腿，在没有桌子等可供藏身的场合，无论如何也要用坐垫等物品保护好头部。

（2）不要靠近钢筋水泥结构的房屋。由于地震的晃动会造成门窗错位，打不开门，所以要将门打开，确保出口。平时要事先想好万一被关在屋子里如何逃脱，准备好梯子和绳索等。

（3）当大地剧烈摇晃，站立不稳的时候，人们都会扶靠稳定的物体。地下商场是相对比较安全的地方，即便发生停电，紧急照明也会即刻亮起来，地震到来时要以压低身体的姿势避难。千万不能使用电梯，如万一在搭乘电梯时遇到地震，要迅速将操作盘上各楼层的按钮全部按下，一旦停下，立刻离开高层建筑的电梯。

（4）地震时汽车会由于无法把握方向盘，难以驾驶，须避开十字路口将车子靠路边停下。为了不妨碍避难疏散的人和紧急车辆的通行，要让出道路的中间部分。要注意汽车收音机的广播，附近有警察的话，要依照其指示行事。有必要避难时，应把车窗关好，车钥匙插在车上，不要锁车门。

（5）在山区内遇到地震时，要和当地的人一起行动。在山边陡峭的倾斜地段，地震时有发生山崩、断崖落石的危险。在海岸边地震时有遭遇海啸的危险，感知地震或有海啸警报时，要迅速到安全的场所避难。

（6）因地震造成火灾蔓延燃烧，出现危及人身生命安全等情形时，要采取避难措施。

（7）在城区遇到地震时，原则上以市民防灾组织、街道等为单位，在负责人及警察等带领下采取徒步避难的方式，携带的物品应在最少限度，绝对不能利用汽车、自行车避难。对于病人等的避难，当地居民的合作互助是不可缺少的，从平时起，邻里之间有必要在事前就避难的方式等进行商定。

（8）在发生大地震时，人们心理上易产生恐慌。为防止混乱，每个人依据正确的信息，冷静地采取行动极为重要，从携带的收音机等中听取正确的信息，相信从政府、警察、消防等防灾机构直接得到的信息，决不轻信不负责任的谣言，不要轻举妄动。

二、地震对配电设施的破坏

（一）地震对配电线路的危害

配电线路处于电网的末端，是电网的重要组成部分，是直接为用户服务的公用基础设施。地震对配电线路的破坏主要是造成架空配电线路杆塔倒塌、导线断裂，地震引起的泥石流、山体滑坡等次生灾害是导致配电线路杆塔倒塌的直接原因。

（二）地震对配电变压器的危害

地震对配电变压器的危害主要有两种情形：一是配电室建筑物的倒塌，使配电变压器产生移位、油箱渗漏、高低压瓷套管破裂等现象；二是台架式变压器构架发生严重扭曲变形，挤伤配电变压器，使之丧失供电能力，导致局部区域性断电。

（三）地震对其他配电设施的危害

配电设施（如变压器、电容器、支柱绝缘子、穿墙套管等）多由脆性瓷件做绝缘套管或承重立柱，抗地震能力低，在地震作用下容易发生共振，造成电气设备被震断、震损。

地震发生时地面会发生倾斜、隆起、下沉、开裂、断层等变化，导致架空配电线路出现倒杆断线，电力电缆线路电缆切断及电缆分接箱、开闭所、环网柜、箱式变电站等设备故障。

（四）余震的危险及其对配电设施的危害

余震一般在地球内部发生主震的同一地方发生，通常的情况是一个主震发生以后，接着有一系列余震。余震强度较小，大多数的余震都不会造成破坏。虽不足为患，但多者成灾。余震好比人说话的回声，虽然能量不及前面的大地震，但是叠加起来，经过多次打击的建筑物可能就承受不住了。余震依发生顺序，在次数和强度都逐渐减弱。主震发生后的第二天，余震数量大约是第一天的 $\frac{1}{2}$，而到第三天，余震数量则是第一天的 $\frac{1}{10}$。因此，在地震救援现场要充分考虑余震对配电设施的危害。

三、地震对配电设施破坏的案例

据国家电网公司统计，2008 年"5·12"汶川地震带来的直接经济损失超过 120 亿

图 1-1-1 居民区的三相四线配电线路损坏情况

元，其中四川省电力公司的损失就超过 106 亿元。地震中遭到破坏的输配电设施比比皆是。图 1-1-1 所示为居民区的三相四线配电线路损坏情况，图 1-1-2 所示为倾砸在高速公路护栏上的中压配电线路钢筋混凝土电杆，图 1-1-3 所示为架设在山坡上的输电线路门形杆毁坏现场，图 1-1-4 所示为枢纽变电站室外构架全部夷为废墟，图 1-1-5 所示为电力工人在倾斜的配电线路电杆上拆除损坏导线。

图 1-1-2 倾砸在高速公路护栏上的中压配电线路钢筋混凝土电杆

图 1-1-3 架设在山坡上的输电线路门形杆毁坏现场

图 1-1-4 枢纽变电站室外构架全部夷为废墟

图 1-1-5 电力工人在倾斜的配电线路电杆上拆除损坏导线

第二节 台风灾害对配电设施的危害

一、台风及其灾害

1. 台风及其等级划分

台风是热带气旋的一个类别。根据《热带气旋等级》（GB/T 19201—2006）的规定，热带气旋按中心附近地面最大风速划分为超强台风、强台风、台风、强热带风暴、热带风暴、热带低压六个等级，热带低压是众多热带气旋中强度最弱的级别。热带气旋风力等级为 6～17 级，见表 1-2-1。

表 1-2-1　　　　　　　　台风不同强度名称和风力等级划分

台风强度名称	风力等级和可能持续时间
热带低压	中心风力可达 6 级，或阵风 7 级以上
热带风暴	中心风力 8～9 级，或阵风 9 级并可能持续
强热带风暴	中心风力为 10～11 级，或阵风 11 级并可能持续
台风	中心风力为 12～13 级，或阵风 13 级并可能持续
强台风	中心风力为 14～15 级，或阵风 15 级并可能持续
超强台风	中心风力为 16 级或以上，或阵风 17 级并可能持续

2. 台风预警信号

台风等级预警信号分为蓝色、黄色、橙色、红色，见表 1-2-2。

表 1-2-2　　　　　台风等级预警信号颜色分类和台风风力等级

台风预警信号颜色	风力等级和可能持续时间
台风蓝色预警信号	24h 内可能或者已经受热带气旋影响，沿海或者陆地平均风力达 6 级以上，或者阵风 8 级以上并可能持续
台风黄色预警信号	24h 内可能或者已经受热带气旋影响，沿海或者陆地平均风力达 8 级以上，或者阵风 10 级以上并可能持续
台风橙色预警信号	12h 内可能或者已经受热带气旋影响，沿海或者陆地平均风力达 10 级以上，或者阵风 12 级以上并可能持续
台风红色预警信号	6h 内可能或者已经受热带气旋影响，沿海或者陆地平均风力达 12 级以上，或者阵风达 14 级以上并可能持续

3. 台风灾害防御措施

台风灾害防御措施随气象台发布的台风预警信号不同而不同，见表 1-2-3。

表 1-2-3　　　　　　台风预警信号和台风灾害防御措施

台风预警信号	台风灾害防御措施
台风蓝色预警信号 	(1) 政府及相关部门按照职责做好防台风准备工作。 (2) 停止露天集体活动和高空等户外危险作业。 (3) 相关水域水上作业和过往船舶采取积极的应对措施，如回港避风或者绕道航行等。 (4) 加固门窗、围板、棚架、广告牌等易被风吹动的搭建物，切断危险的室外电源
台风黄色预警信号 	(1) 政府及相关部门按照职责做好防台风应急准备工作。 (2) 停止室内外大型集会和高空等户外危险作业。 (3) 相关水域水上作业和过往船舶采取积极的应对措施，加固港口设施，防止船舶走锚、搁浅和碰撞。 (4) 加固或者拆除易被风吹动的搭建物，人员切勿随意外出，确保老人小孩留在家中最安全的地方，危房人员及时转移

续表

台风预警信号	台风灾害防御措施
台风橙色预警信号	（1）政府及相关部门按照职责做好防台风抢险应急工作。 （2）停止室内外大型集会、停课、停业（除特殊行业外）。 （3）相关应急处置部门和抢险单位加强值班，密切监视灾情，落实应对措施。 （4）相关水域水上作业和过往船舶应当回港避风，加固港口设施，防止船舶走锚、搁浅和碰撞。 （5）加固或者拆除易被风吹动的搭建物，人员应当尽可能待在防风安全的地方，当台风中心经过时风力会减小或者静止一段时间，切记强风将会突然吹袭，应当继续留在安全处避风，危房人员及时转移。 （6）相关地区应当注意防范强降水可能引发的山洪、地质灾害
台风红色预警信号	（1）政府及相关部门按照职责做好防台风应急和抢险工作。 （2）停止集会、停课、停业（除特殊行业外）。 （3）回港避风的船舶要视情况采取积极措施，妥善安排人员留守或者转移到安全地带。 （4）加固或者拆除易被风吹动的搭建物，人员应当待在防风安全的地方，当台风中心经过时风力会减小或者静止一段时间，切记强风将会突然吹袭，应当继续留在安全处避风，危房人员及时转移。 （5）相关地区应当注意防范强降水可能引发的山洪、地质灾害

二、台风对电网的影响

沿海地区是防御台风的重点区域，台风经过时都会造成电力线路跳闸、断担、断线、断杆、倒杆等事故，给人们生活生产带来严重影响。

1. 台风风力对电力设施的影响

（1）线路倒杆（塔）断线。台风风力直达之处倒杆（塔）引起断线，瞬间跳闸断电。

（2）架空导线因风力影响偏向弧光放电。线路中有大跨越、大挡距、大弧垂的导线，在强风作用下产生较大风偏，使导线与距离较近的建筑物、树木、其他交叉跨越的线路等因电气距离不足而造成放电。

（3）线路杆塔上的跳线和变电站构架上的跳线因风力偏向短路放电。

（4）变电站设备引线线夹固定不牢脱落放电。

（5）以上是台风直接对电气设施的损害，台风对电气设施的间接危害主要是强风造成线路及变电站附近的其他设备（物品）倒塌或飞落，损伤电力设备造成停电故障。

2. 携带暴雨的台风对电网的危害

（1）造成线路杆塔倾倒。

（2）暴雨侵害变电站电气设备绝缘，致使设备运行异常或故障，或造成二次控制回路接地、短路故障，导致保护及开关误动。

（3）暴雨引起的城市内涝造成水淹地下（或低洼地带）的配电网开关站、配电室、电缆环网柜等，造成重要用户的长时间停电。

三、台风造成配电设施受损的基本特点

1. 与台风登陆点和经过路径有关

配电设施受灾范围和严重程度主要与台风登陆地点与经过路径有关，沿海地区由于遭

遇台风正面登陆及地形空旷，电力设施破坏一般较为严重。

2. 杆塔是配电线路主要受损部件

（1）杆塔受损主要集中在水泥杆倒杆、断杆，由于 10kV 线路及低压线路，规模大，受损最严重。

（2）老旧线路倒杆、断杆最为严重，统计数据显示投运 10～20 年以上的线路受损居多，特别是没有改造的老旧线路倒杆、断杆比较集中。近 5 年投运线路也有出现过杆塔受损现象，但相对较少。

3. 倒杆、断杆多为无拉线的直线杆

从倒杆、断杆的杆型看，带拉线直线杆受损较少，耐张杆塔受损最小，无拉线的直线杆受损最大，如某地区无拉线直线杆受损比例高达 93％，带拉线直线杆受损比例为 4％，耐张杆塔受损比例约为 2％。

4. 被受损的非配电设施连带破坏

配电线路杆塔除直接遭受风荷过载受损外，还遭受被台风损坏的非配电设施的间接影响受损。例如，台风吹袭使线路走廊周围树木倾倒，压在线路上造成电杆倒杆、断杆；台风的强降水导致杆塔基础塌方或水土流失造成电杆倒杆、断杆；台风的雷电过程导致配电设施雷击损坏等。

四、台风对配电设施破坏的案例

台风对配电设施破坏的案例见表 1-2-4。

表 1-2-4　　　　　　　　　　台风对配电设施破坏的案例

台风名称	简要情况介绍	受灾现场图片
玛莉亚	2018 年 7 月 12 日，国网浙江电力公司启动防台风Ⅲ级应急响应，全省累计出动抢修车辆 2422 辆次，抢修人员 7572 人次。浙江电网因台风"玛莉亚"共造成全省 72 万用户停电	
海燕	2013 年 11 月 12 日，受台风"海燕"影响，广西钦州浦北县供电系统受到了严重冲击，部分线路严重毁坏，供电中断	

续表

台风名称	简要情况介绍	受灾现场图片
天兔	2013年9月23日，台风"天兔"登陆后造成广东25人死亡，全省356.3万人受灾，紧急转移安置22.6万人，倒塌和严重损坏房屋7100余间。粤东地区发生海水倒灌、漫堤、大面积停水停电灾情	
莫拉克	2009年8月10日，台风"莫拉克"过后，电力部门工作人员在浙江瑞安涉水抢修被台风损毁的电网设施	
菲特	2013年10月初，受台风"菲特"影响，浙江省海宁市136个配电台区、共5661户用户停电。市区2个小区的电力设施受灾最为严重，近千户居民停电（右图为电力工人蹚水接近受损配电设施）	

第三节　冰雪灾害对配电设施的危害

一、冰雪及其灾害

（一）冰雪灾害成因

冰雪灾害是一种常见的自然灾害，拉尼娜现象是造成低温冰雪灾害的主要原因。

中国属季风大陆性气候，特别是冬季、春季时天气、气候诸要素变率大，极易导致各种冰雪灾害发生。在全球气候变化的影响下，冰雪灾害成灾因素复杂，致使对雨雪预测预报的难度不断增加。

研究表明，东起渤海，西至帕米尔高原，南自高黎贡山，北抵漠河，在纵横数千公里的国土上，我国每年都受到不同程度冰雪灾害的危害。1951—2000年的50年间，持续时间长、灾情范围大且灾情较重的雪灾，就达近 10 次。

人类对自然资源和环境的不合理开发和利用及全球气候系统的变化，也正在改变雪灾等气象灾害发生的地域、频率及强度分布。植被覆盖度的减少，裸地的增加，草地的退化，均为雪灾灾情的放大提供了潜在条件。

(二) 冰雪灾害分类

1. 冰雪洪水

冰雪洪水是指冰川和高山积雪融化形成的洪水，其形成与气象条件密切相关。每年春季气温升高，积雪面积缩小，冰川冰裸露，开始融化，沟谷内的流量不断增加；夏季冰雪消融量急剧增加，形成夏季洪峰；进入秋季，消融减弱，洪峰衰减；冬季天寒地冻，消融终止，沟谷断流。冰雪融水主要对公路造成灾害，在洪水期间冰雪融水携带大量泥沙，对沟口、桥梁等造成淤积，导致涵洞或桥下堵塞，形成洪水漫道，冲淤公路。

2. 冰川泥石流

冰川泥石流是指冰川消融使洪水挟带泥沙、碎石混合流体而形成的泥石流。青藏高原上山高谷深，地形陡峻，又是新构造活动频繁的地区，断裂构造纵横交错，岩石破碎，加之寒冻风化和冰川侵蚀，在高山河谷中松散的泥沙、碎石、岩块十分丰富，为冰川泥石流的形成奠定了基础。在藏东南地区，冰川泥石流活动频繁，尤其在川藏公路沿线，危害极大。

培龙沟位于波密县通麦以西，自 1983 年以来年年暴发冰川泥石流。其中 1984 年先后暴发多次冰川泥石流，造成严重损失：7 月 27 日，泥石流冲走公路钢桥；8 月 7 日，泥石流造成 6 人死亡；8 月 23 日，持续时间 23h，淹没 104 道班房，堵塞帕隆藏布主河道，使河床升高 10 余 m，冲毁 6km 公路，停车 54 天；10 月 15 日，冲走钢桥 1 座，阻车断道12 天。1985 年培龙沟两度暴发泥石流，冲毁道班民房 22 间，淹没毁坏汽车 80 辆，造成直接经济损失 500 万元以上。古乡沟位于波密县境内，是中国最著名的一条冰川泥石流沟。1953 年 9 月下旬，暴发规模特大的冰川泥石流。此后，每年夏季、秋季频频暴发，少则几次至十几次，多则几十次至百余次，且连续数十年不断，其规模之大，来势之猛，危害之剧，在国内外实属罕见。

3. 强暴风雪

强暴风雪是指降雪形成的深厚积雪以及异常暴风雪。雪和暴风雪造成的雪灾由于积雪深度大，影响面积广，危害更加严重。如 1989 年末至 1990 年初，那曲地区形成大面积降雪，造成大量人畜伤亡，雪害造成的损失超过 4 亿元。1995 年 2 月中旬，藏北高原出现大面积强降雪，气温骤降，大范围地区的积雪在 200mm 以上，个别地方厚 1.3m。那曲地区60 个乡、13 万余人和 287 万头（只）牲畜受灾，其中有 906 人、14.3 万头（只）牲畜被大雪围困，同时出现了冻伤人员、冻饿死牲畜等灾情。此外，在青藏、川藏和中尼公路上，每年也有大量由大雪堆积路面而造成的阻车断路现象。

4. 低温雨雪

2008 年初，我国南方发生了百年不遇的特大持续性低温雨雪冰冻天气。2008 年 1 月10 日至 31 日我国发生的大范围低温、雨雪、冰冻等自然灾害已使湖南、湖北、贵州等省受灾。截至 2008 年 2 月 24 日，上海、浙江、江苏、安徽、江西、河南、湖北、湖南、广东、广西、重庆、四川、贵州、云南、陕西、甘肃、青海、宁夏、新疆等省（自治区、直辖市）均不同程度受到低温、雨雪、冰冻灾害影响。因灾死亡 129 人，失踪 4 人，紧急转移安置 166 万人；农作物受灾面积 1.78 亿亩，成灾 8764 万亩，绝收 2536 万亩；倒塌房屋 48.5 万间，损坏房屋 168.6 万间；因灾直接经济损失 1516.5 亿元人民币。森林受损面积近 2.79 亿亩，3 万只国家重点保护野生动物在雪灾中冻死或冻伤；受灾人口已超过 1 亿。其中湖南、湖北、贵州、广西、江西、安徽、四川等 7 省（自治区）受灾最为严重。暴风雪造成多处铁路、公路、民航交通中断，由于正逢春运期间，大量旅客滞留站场港埠。另外，电力受损、煤炭运输受阻，不少地区用电中断，电信、通信、供水、取暖均受到不同程度的影响，某些重灾区甚至面临断粮危险。而融雪流入海中，对海洋生态也会造成灾难。

5. 风吹雪

风吹雪是大风携带雪花运行的自然现象，又称风雪流。积雪在风力作用下，形成一股股携带着雪的气流，粒雪贴近地面随风飘逸，被称为低吹雪；大风吹袭时，积雪在原野上飘舞而起，出现雪雾弥漫、吹雪遮天的景象，被称为高吹雪；积雪伴随狂风起舞，急骤的风雪弥漫天空，使人难以辨清方向，甚至把人刮倒卷走，称为暴风雪。风吹雪的灾害危及工农业生产和人身安全。风吹雪对农区造成的灾害，主要是将农田和牧场大量积雪搬运他地，使大片需要积雪储存水分、保护农作物墒情的农田、牧场裸露，农作物及草地受到冻害。风吹雪在牧区造成的灾害主要是淹没草场、压塌房屋、袭击羊群，引起人畜伤亡。风吹雪对公路也会造成危害。强大的风吹雪增加了输配电杆塔的荷载，可造成倒杆、断线，恶劣天气还会给线路抢修、恢复供电带来难以想象的困难。

（三）反映冰雪的有关指标

气象预报中反映冰雪的有关指标见表 1-3-1，了解这些指标的内容，有助于我们采取应对措施。

表 1-3-1 气象预报中反映冰雪的指标

冰雪指标名称	指标含义和解释
降雪量	降雪量是指气象观测人员用标准容器将 12h 或 24h 内采集到的雪化成水后，测量得到的数值，以 mm 为单位
积雪深度	积雪深度是指通过测量气象观测场上未融化的积雪得到的数值，取的是从积雪面到地面的垂直深度，以 cm 为单位。每次降雪由于含水量、温度条件不同，积雪深度也不相同
小雪	（1）12h 降雪量达到 0.1mm 以上、1.0mm 以下。 （2）24h 降雪量达到 0.1mm 以上、2.5mm 以下
中雪	（1）12h 降雪量达到 1.0mm 以上、3.0mm 以下。 （2）24h 降雪量达到 2.5mm 以上、5.0mm 以下
大雪	（1）12h 降雪量达到 3.0mm 以上、6.0mm 以下。 （2）24h 降雪量达到 5.0mm 以上、10.0mm 以下
暴雪	（1）12h 降雪量达到 6.0mm 以上。 （2）24h 降雪量达到 10.0mm 以上

（四）预防冰雪灾害的措施

1. 建立完善的灾害预报系统

及时地对将要发生的灾害进行准确的预报，是防灾减灾最重要的组成部分。及时准确的预报，能使广大人民群众提前做好物质和精神上的准备，以便灾害到来时能够从容应对。在这方面许多国家都有成功的经验，例如德国在 20 世纪 90 年代就成立了由气象、电力、交通等部门组成的灾害防治中心，对强降雪灾害及其他紧急情况进行预测和监测。预防冰雪灾害的关键是要在作好天气预报的基础上，预先采取防护措施，如疏导牲畜、转移牧民、采取一些保温防冻措施等。另外，对草场牧区、厂矿企业及道路交通等要进行全面规划，要布局合理，利于及时疏导转移。

2. 加大防灾减灾知识的宣传力度

使民众能够充分了解针对各类灾害的自我防护方法，在等待救援的过程中，能够发挥主观能动性，通过自救和相互救助尽量保护生命财产的安全，而不是不知所措被动地等待救援。

3. 完善灾害应对体系建设

这一点也是极为重要的，直接关系到一个国家抗击灾害的能力。国家要建立一整套完善的灾害应对机制，各级政府都要建立相应的机构。目前，人民防空的工作职能正在向战时防空袭、平时防灾的民防功能转换，因此防灾减灾就成为人防部门一项十分重要的工作，可以将防灾减灾机构建立到各级人防部门，形成一个应急指挥网络。人防部门要发挥自己的部门优势，在普及人防知识的过程中加入防灾减灾的内容，并合理安排资金，购置防灾设备、储备防灾物资，在应急预案的指导下定期进行防灾演练。

4. 防患于未然

在平时的基础建设中（包括电力、铁路、公路交通等），要充分考虑到各种灾害可能带来的影响。要有超前意识，陈旧的设备必须及时更换，结构的抗力等级要能够满足五十年甚至上百年一遇灾害的考验。冰雪灾害多发生在山区，一般对人身和工农业生产的直接影响不大。其最大危害是对公路交通运输造成影响，由此造成一系列的间接损失。为防治冰雪融水对公路造成危害，主要是在沟内采取适当的拦挡措施，构筑混凝土坝、格栅坝等，一方面可阻挡泥沙碎石出沟，另一方面被拦挡的物质堆积起来后还可起到稳定沟床和沟坡、减少泥沙侵蚀的作用。此外，对经常淤积的桥涵进行适当的工程改造，扩大桥涵孔径，增加排泄能力。对于冰川泥石流的防治措施主要是在沟内采取拦挡措施，通过拦挡，消减泥石流对沟外设施的冲击破坏，使少量出沟的泥沙顺利排泄，减轻灾害。另一方面，沟内被拦挡的泥沙石块回淤后，也可起到稳定沟床和沟坡的作用，减少沟内来沙量。在泥石流特别严重的沟内，还可设置数道拦挡坝进行堵截。

（五）冰雪灾害应急措施

（1）非机动车驾驶员应给轮胎少量放气，增加轮胎与路面的摩擦力。

（2）冰雪天气行车应减速慢行，转弯时避免急转以防侧滑，踩刹车不要过急过死。在冰雪路面上行车，应安装防滑链，佩戴有色眼镜或变色眼镜。路过桥下、屋檐等处时，要迅速通过或绕道通过，以免上结冰凌因融化突然脱落伤人。

（3）在道路上撒融雪剂，以防路面结冰；及时组织扫雪。

（4）老人及体弱者应避免出门。

（5）能见度在 50m 以内时，机动车最高时速不得超过 30km/h，并保持安全车距。

（6）发生交通事故后，应在现场后方设置明显标志，以防二次事故的发生。

二、冰雪对配电设施的危害

冰雪灾害可造成配电设施严重覆冰，会导致导线舞动，绝缘子串冰闪，导线断线，绝缘子、金具及杆塔损坏，倒塔等事故。导线结冰后更容易舞动，舞动一般发生在结冰过程中，而闪络一般发生在融冰的过程中。冰雪灾害对电网的影响主要集中在倒杆塔断线与冰闪跳闸两大方面。

（一）倒杆塔断线

造成冰灾倒杆塔的直接原因是由于持续的低温使导线表面的覆冰无法融化，间断的雨雪使导线表面的覆冰越来越厚，覆冰厚度远远超出杆塔设计允许承受能力。

（二）冰闪跳闸

（1）空气及绝缘子表面污秽中存在的电解质使冰闪易于发生。纯冰的绝缘电阻很高，但由于覆冰中存在的电解质，增大了冰水的电导率。由于冰闪发生前通常有一段干旱期，空气质量较差，雨淞时大气中的污秽伴随冻雨沉积在绝缘子表面形成覆冰，降低了绝缘子的耐压水平。

（2）绝缘子串覆冰过厚会明显减小爬距，使冰闪电压降低。当绝缘子覆冰过厚，完全形成冰柱时，绝缘子串爬距大大减少，耐压水平显著降低。

（3）冰闪引发线路跳闸，加剧了导线覆冰。当运行线路导线的负荷电流足够大时，导线产生的热量使其表面温度维持在 0℃ 以上时，不易产生覆冰。当线路停运后，由于导线停止发热，在持续低温雨雪天气作用下，其表面的覆冰就会加强，最后导致线路冰荷载过大，发生断线及倒塔。

三、冰雪对配电设施破坏的案例

冰雪灾害对配电设施造成的危害见表 1-3-1。

表 1-3-1　　　　　　　　　　冰雪灾害对配电设施造成的危害

冰雪灾害灾情简介	受 灾 现 场 图 片
2014 年 2 月 10 日，重庆各地普降大雪，出现线路覆冰，导致电网不同程度受灾	

续表

冰雪灾害灾情简介	受 灾 现 场 图 片
2011 年 1 月 7 日，广西桂林全州县东山瑶族乡冰冻天气已持续 6 天，电线上结着厚厚的冰块，有两条线路断裂（右图为抢修人员爬上电线杆顶部抢修）	

第四节 雷电灾害对配电设施的危害

一、雷电现象及其灾害

（一）雷电形成

雷电是伴有闪电和雷鸣的一种雄伟壮观而又有点令人生畏的放电现象。产生雷电的条件是雷雨云中有电荷的积累并形成雷雨云的极性。大气中的水蒸气是雷云形成的内因，雷云的形成也与自然界的地形以及气象条件有关。根据不同的地形及气象条件，雷电一般可分为热雷电、锋雷电（热锋雷电与冷锋雷电）、地形雷电 3 大类。

1. 热雷电

热雷电是夏天经常在午后发生的一种雷电，经常伴有暴雨或冰雹。热雷电形成很快、持续时间不长，一般为 1～2h；雷区长度为 200～300km，宽度不超过几十千米。热雷电形成必须具备以下条件：

（1）空气非常潮湿，空气中的水蒸气已近饱和，这是形成热雷电的必要因素。

（2）晴朗的夏天、烈日当头，地面受到持久暴晒，靠近地面的潮湿空气的温度迅速提高，人们感到闷热，这也是形成热雷电的必要条件。

（3）无风或小风，造成空气湿度和温度不均匀。无风或小风的原因可能是这里气流变化不大，也可能是地形的缘故（如山中盆地）。

上述条件逐渐形成云层，同时云层因极化而形成雷云。出现上述条件的地点多在内陆地带，尤其是山谷、盆地。

2. 锋雷电

强大的冷气流或暖气流同时侵入某处，冷暖空气接触的锋面或附近可产生锋雷电。

（1）冷锋雷（或叫寒潮雷）。强大的冷气流由北向南入侵时，因冷空气较重，所以冷气流就像一个楔子插到原来较暖而潮湿的空气下面，迫使暖空气上升，热而潮的空气上升到一定高度，水蒸气达到饱和，逐渐形成雷云。冷锋雷是雷电中最强烈的一种，通常都伴随着暴雨，危害很大。这种雷雨一般沿锋面几百千米长、20～60km 宽的带形地区发展，锋面移动速度为 50～60km/h，最高可达 100km/h。

（2）暖锋雷（或叫热潮雷）。暖锋雷是当暖气流移动到冷空气地区，逐渐爬到冷空气上面所引起的，它的发生一般比冷锋雷缓和，很少发生强烈的雷雨。

3. 地形雷电

地形雷电一般出现于地形空旷地区，它的规模较小，但比较频繁。

（二）雷电特点和分类

1. 雷电特点

雷电一般产生于对流发展旺盛的积雨云中，因此常伴有强烈的阵风和暴雨，有时还伴有冰雹和龙卷风。积雨云顶部一般较高，可达 20km，云的上部常有冰晶。冰晶的凇附、水滴的破碎以及空气对流等过程，使云中产生电荷。云中电荷的分布较复杂，但总体而言，云的上部以正电荷为主，下部以负电荷为主。因此，云的上、下部之间形成一个电位差。当电位差达到一定程度后，就会产生放电，这就是我们常见的闪电现象。闪电的平均电流是 3 万 A，最大电流可达 30 万 A。闪电的电压很高，为 1 亿～10 亿 V。一个中等强度雷暴的功率可达 1 万 kW，相当于一座小型核电站的输出功率。放电过程中，由于闪电通道中温度骤增，使空气体积急剧膨胀，从而产生冲击波，导致强烈的雷鸣。带有电荷的雷云与地面的突起物接近时，它们之间就发生激烈的放电。在雷电放电地点会出现强烈的闪光和爆炸的轰鸣声，这就是人们见到和听到的闪电雷鸣。

2. 雷电分类法之一

（1）曲折开叉的普通闪电称为枝状闪电。枝状闪电的通道如被风吹向两边，以致看起来有几条平行的闪电时，则称为带状闪电。闪电的两枝如果看来同时到达地面，则称为叉状闪电。

（2）闪电在云中阴阳电荷之间闪烁，而使全地区的天空一片光亮时，便称为片状闪电。

（3）未达到地面的闪电，也就是同一云层之中或两个云层之间的闪电，称为云间闪电。有时候这种横行的闪电会行走一段距离，在离风暴许多千米外降落地面，这就叫作"晴天霹雳"。

（4）闪电的电力作用有时可在又高又尖的物体周围形成一道光环似的红光。通常在暴风雨中的海上，船只的桅杆周围可以看见一道火红的光，人们便借用海员守护神的名字，把这种闪电称为"圣艾尔摩之火"。

（5）超级闪电指的是那些威力比普通闪电大 100 多倍的稀有闪电。普通闪电产生的电力约为 10 亿 W，而超级闪电产生的电力则至少有 1000 亿 W，甚至可能达到万亿至 10 万亿 W。

3. 雷电分类法之二

雷电还可分为直击雷、球形雷、电磁脉冲、云闪四种。其中直击雷和球形雷都会对人和建筑造成危害，而电磁脉冲主要影响电子设备，主要是受感应作用所致。由于云闪是在两块云之间或一块云的两边发生，所以对人类危害最小。

直击雷就是在云体上聚集很多电荷，大量电荷要找到一个通道来泄放，有的时候是一个建筑物，有的时候是一个铁塔，有的时候是空旷地方的一个人，所以这些人或物体都变成电荷泄放的一个通道，人或者建筑物就会被击伤。直击雷是威力最大的雷电，而球形雷的威力比直击雷小。

（三）雷电活动的一般条件和雷害发生概率较高的地点

1. 雷电活动的一般条件

（1）地质条件。土壤电阻率的相对值较小时，就有利于电荷很快聚集。局部电阻率较小的地方容易受雷击，电阻率突变处和地下有导电矿藏处容易受雷击。实际上接地网电阻率，会增大雷击概率。

（2）地形条件。山谷走向与风向一致时容易受雷击，风口或顺风的河谷容易受雷击；山岳靠近湖、海的山坡被雷击的概率较大。

（3）地物条件。有利于雷雨云与大地建立良好放电通道的场所容易受雷击。空旷地中的孤立建筑物、建筑群中的高耸建筑物容易受雷击，大树、接收天线、山区输电线路容易受雷击，基站铁塔也容易受雷击。

2. 雷害发生概率较高的地点

（1）10m 深处的土壤电阻率发生突变的地方。

（2）在石山与水田、河流交界处，矿藏边界处，进山森林的边界处，某些地质断层地带。

（3）面对广阔水域的高山阳坡或迎风坡。

（4）较高、孤立的山顶。

（5）以往曾累次发生雷害的地点。

（6）孤立杆塔及拉线，高耸建筑群及其他接地保护装置附近。

（四）雷电对人体的伤害

1. 直击雷

当人遭到雷击的一瞬间，强大的电流会迅速通过人体，严重者可导致心跳停止、肺功能衰竭、脑组织缺氧而死亡。另外，雷击产生的高温弧光也会造成人体不同程度的皮肤灼伤和碳化。人体遭雷电击伤，会形成树枝状的雷击纹理，致使皮肤剥脱和出血，也可造成耳鼓和内脏破裂等。另外，据不完全统计，在每年的雷雨季节中，世界上所发生的雷击高达 1700 次左右，全世界每年大概有数千人遭受雷击。闪电的受害者有 2/3 以上是在户外受到袭击。他们每 3 个人中有两个幸存。在闪电击死的人中，85% 是女性，年龄大都在 10～35 岁，死者以在树下避雷雨的最多。在比较平坦的地形上，30m 左右高的建筑物平均每年就会被击中一次；每座数十米及以上的高层建筑物，如广播或电视塔，每年会被击中 20 次左右，每次雷击所产生的高电压达 6 亿 V 左右。如果没有避雷设备，这些建筑物早就被毁掉了。从云层到地面的闪电雷击，包含了在 50ms 左右间隔之内发生的

4 次左右的独立雷击。第一次的雷击峰值电流大约在 2 万 A，而后续雷击的电流峰值则会减半，最后一次雷击很可能产生大约 140A 的持续电流，其持续的时间可长达数十毫秒。

2. 雷电感应

在雷电感应过程中会产生强大的瞬间电磁场，这种强大的感应电磁场，可在地面金属网络中产生感应电荷，金属网络包括有线、无线通信网络，电力输电网络和其他金属材料制成的线路系统。高强度的感应电荷会在这些金属网络中形成强大的瞬间高压电场，从而形成对用电设备的高压弧光放电，最终会导致电气设备烧毁。尤其对电子等弱电设备的破坏最为严重，如家用电器中的电视机、电脑、通信设备、办公设备等。每年，被感应雷电击毁的用电设备事故达千万件以上。这种高压感应电场也会对人身造成伤害。

(五) 防雷击措施

雷电发生时产生的雷电流是主要的破坏源，其危害形式有直接雷击、感应雷击和由架空线引导的侵入雷击，如各种照明、电信等设施使用的架空线都可能把雷电引入室内，所以应严加防范。

1. 雷击易发生的部位

(1) 缺少避雷设备或避雷设备不合格的高大建筑物、储罐等。

(2) 没有良好接地的金属屋顶。

(3) 潮湿或空旷地区的建筑物、树木等。

(4) 由于烟气的导电性，烟囱特别易遭雷击。

(5) 建筑物上有无线电设备而又没有避雷器和良好接地的地方。

2. 雷电灾害预防措施

(1) 高大建筑物上必须安装避雷装置，防御雷击灾害。

(2) 输电线路必须架设避雷线并有良好接地。

(3) 配电台区高、低压侧都要安装高压避雷器和低压避雷器，并有良好接地。

3. 雷电灾害应急措施

(1) 注意关闭门窗，室内人员应远离门窗、水管、煤气管等金属物体。

(2) 关闭家用电器，拔掉电源插头，防止雷电从电源线入侵。

(3) 在室外时，要及时躲避，不要在空旷的野外停留。在空旷的野外无处躲避时，应尽量寻找低洼之处（如土坑）藏身，或者立即下蹲，降低身体高度。

(4) 远离孤立的大树、高塔、电线杆、广告牌等。

(5) 立即停止室外游泳、划船、钓鱼等水上活动。

(6) 如多人共处室外，相互之间不要挤靠，以防雷击中后电流互相传导。

(7) 在户外不要使用手机。

(8) 雷雨天尽量少洗澡，太阳能热水器用户切忌洗澡。

(9) 对被雷击中人员，应立即采用心肺复苏法抢救。

(六) 雷电统计指标

雷电统计指标在天气预报中可以听到，在为建筑物、电气设备安装避雷针、避雷器时都需要了解当地雷电活动的一般规律，用到这些统计指标，见表 1-4-1。

表 1-4-1　　　　　　　　　　　　雷电统计指标

指标名称	指标含义及解释
雷电次数	当雷暴进行时，隆隆的雷声持续不断，若其间雷声的时间间隔小于 15min 时，不论雷声断续传播的时间有多长，均算作是一次雷暴。若其间雷声的停息时间在 15min 以上时，就把前后分作是两次雷暴
雷电小时	在该天文小时内发生过雷暴，即在这个时间里曾听到过雷声而不论雷暴持续时间的长短如何。某一地区的年雷电小时数也就是说该地区一年中有多少个天文小时发生过雷暴，而不管在某一小时内雷暴是足足继续了 1h 之久，还是只延续了数分钟
雷暴日数	雷暴日数也叫做雷电日数。只要在这一天内曾经发生过雷暴，听到过雷声，而不论雷暴延续了多长时间，都算作一个雷电日。年雷电日数等于全年雷电日数的总和
雷暴月数	雷暴月数也叫做雷电月数，即指在这一个月内曾发生过雷暴。年雷暴月数也就是指一年中有多少个月发生过雷暴

二、雷电灾害对配电设施的危害

(一) 雷击断线

随着经济、技术的发展和城市化进程加快，具有一定的绝缘性能同时又比电力电缆经济的绝缘导线在架空电力配电线路中得到了广泛的应用，但运行发现，架空绝缘导线在经受雷电过电压的性能方面比同样截面的裸导线更容易烧断。科学研究表明，造成这一结果的原因有两个：一是架空绝缘导线在雷电过电压时产生的电弧因绝缘层的原因不能滑移，固定在弧根处弧燃；二是固定燃烧处的受力发生了变化，因电弧强烈的电动力叠加，使弧根处难以承受而发生截断。

(二) 变压器烧毁

变压器是一种利用电磁感应原理，将某一数值的交流电压（电流）变成频率相同的另一种或几种数值不同的电压（电流）的电力设备。其中油浸式变压器，将铁芯和绕组一起浸入灌满了绝缘油的油箱中，以加强绝缘和改善冷却散热条件。当变压器内部出现严重过载、短路、绝缘损坏等故障时，绝缘油受到高温或电弧作用，受热分解产生大量烃类混合气体，使变压器内部的压力急剧上升，然后导致变压器油箱的结构破坏（初级变压器爆炸）。变压器爆炸后，绝缘油、混合气体和油雾通过变压器油箱破裂口向外猛烈释放。绝缘油从变压器中泄漏，在地面形成液池，被点燃即发生池火。而当泄漏的热解产物混合气体和油雾与空气混合后点燃，就会发生二次爆炸。当这些情况发生在密闭或拥塞区域时，可能会导致非常强烈的爆炸，并对人员和设备造成威胁，给社会经济带来严重损失。

影响配电变压器运行的外界不利因素大部分来自雷电灾害。配电变压器装设的防雷装置，应选用无间隙合成绝缘外套金属氧化物避雷器，其工频电压耐受能力强，密封性好，保护特性稳定。高压侧避雷器应安装在高压熔断器与变压器之间，并尽量靠近变压器，但必须保持距变压器端盖 0.5m 以上，这样不仅减少雷击时引下线电感对配变的影响，且又可以避免整条线路停电进行避雷器维护检修，还可以防止避雷器爆炸损坏变压器瓷套管等。避雷器不得安装在变压器上的高压侧瓷套管处，并且避雷器间不得用铁板连接。另外，为了防止低压反变换波和低压侧雷电波侵入，应在低压侧配电箱内装设低压避雷器，从而起到保护配电变压器及其总计量装置的作用。避雷器间应用截面不少于 $25mm^2$ 的多股软铜芯塑料线连接在一起。为避免雷电流在接地电阻上的压降与避雷器的残压叠加在一起，作用在变压器绝缘上，应将避雷器的接地端、变压器的外壳及低压侧中性点用截面不少于 $25mm^2$ 的多股铜芯塑料线连接在一起，再与接地装置引上线相连接。雷雨季节，10kV 配电变压器经常遭受雷击的原因大多是其接地电阻过大，达不到规程规定值，雷电流不能迅速泄入大地，造成避雷器自身残压过高，或在接地电阻上产生很高的电压降，引起变压器烧毁事故。因此，接地装置的接地电阻必须符合规程规定值。对 10kV 配电变压器：容量在 100kVA 及以下时，其接地电阻不应大于 10Ω；容量在 100kVA 以上时，其接地电阻不应大于 4Ω。接地装置施工完毕应进行接地电阻测试，合格后方可回填土。同时，变压器外壳必须良好接地，外壳接地端子要用螺栓拧紧，不可用焊接直接焊牢，以方便检修。接地装置的地下部分由水平接地体和垂直接地体组成，水平接地体一般采用 4 根长度为 5m 的 40mm×4mm 的扁钢，垂直接地体采用 5 根长度为 2.5m 的 50mm×50mm×5mm 的角钢分别与水平接地体每隔 5m 焊接一处。水平接地体在土壤中埋设深为 0.6～0.8m，垂直接地体则是在水平接地体基础上打入地里的。接地引上线采用 40mm×4mm 扁钢，为了检测方便和用电安全，用于柱上式安装的变压器，接地引上线连接点应设在变压器底下的槽钢位置。

（三）避雷器击穿

避雷器连接在线缆和大地之间，通常与被保护设备并联。避雷器可以有效地保护通信设备，一旦出现不正常电压，避雷器将发生动作，起到保护作用。当通信线缆或设备在正常工作电压下运行时，避雷器不会产生作用，对地面来说视为断路。一旦出现高电压，且危及被保护设备绝缘时，避雷器立即动作，将高电压冲击电流导向大地，从而限制电压幅值，保护通信线缆和设备绝缘。当过电压消失后，避雷器迅速恢复原状，使通信线路正常工作。因此，避雷器的主要作用是通过并联放电间隙或非线性电阻的作用，对入侵流动波进行削幅，降低被保护设备所受过电压值，从而起到保护通信线路和设备的作用。避雷器不仅可用来防护雷电产生的过电压，也可用来防护操作过电压。避雷器的作用是用来保护电力系统中各种电气设备免受雷电过电压、操作过电压、工频暂态过电压冲击而损坏的一种电器。避雷器的类型主要有保护间隙、阀型避雷器和氧化锌避雷器（MOA）。保护间隙主要用于限制大气过电压，一般用于配电系统、线路和变电所进线段保护。阀型避雷器与氧化锌避雷器用于变电所和发电厂的保护，在 500kV 及以下系统主要用于限制大气过电压，在超高压系统中还将用来限制内过电压或作内过电压的后备保护。应定期对 MOA 进行绝缘电阻测量和泄漏电流测试，一旦发现 MOA 绝缘电阻明显降低或被击穿，应立即更换以保证配变安全健康运行。

（四）绝缘子击穿

瓷质绝缘子是输变电设备中常用的重要元件之一，其运行状况直接关系到系统的稳定。电力行业标准规定：变电站绝缘子检测周期为 1～3 年，常用的检测方法是测量绝缘子串的电压分布（或火花间隙）、测量绝缘电阻、工频耐压试验等。绝缘子零值检测工作可分为停电检测和带电检测，两种检测方法可同时展开。结合配电线路停电检修，进行停电检测绝缘子的工作，但为了避免受停电检修线路的条数及停电时间的影响，还应开展带电检测绝缘子的工作。必须建立健全绝缘子零值测试工作管理制度，指导绝缘子零值测试和技术管理等工作。线路遭雷击后，会出现被击穿的绝缘子，只是将被击穿的瓷绝缘子更换还不够，其同杆塔和相临杆塔的瓷绝缘子虽未击穿，但有可能出现低值甚至零值绝缘子。根据这一情况，应总结规律、及时发现、处理隐患，而且相应线路每次落雷后也应同时进行检测。

三、雷电灾害对配电设施破坏的案例

2017 年 5 月 3 日晚，由于雷电导致湖南省衡东县荣桓化工有限公司配电变压器烧毁。每年的雷雨季节是雷电高峰期，雷电不仅会击毙人畜，劈裂树木电杆，破坏建筑物和工农业设施，还能引起变压器火灾和爆炸事故。雷电灾害对配电设施破坏的案例如图 1-4-1 所示。

（a）配电变压器雷击烧毁

（b）绝缘子闪络后损坏

（c）避雷器击穿损坏

（d）架空导线被击断

（e）接线鼻子与压板连接处击毁

图 1-4-1 雷电灾害对配电设施破坏的案例

第五节　洪涝灾害对配电设施的危害

一、洪涝灾害

（一）洪涝灾害分类

洪涝灾害包括洪水灾害和雨涝灾害两类。

（1）洪水灾害。由于强降雨、冰雪融化、冰凌、堤坝溃决、风暴潮等原因引起江河湖泊及沿海水量增加、水位上涨而泛滥，以及山洪暴发所造成的灾害称为洪水灾害。洪水灾害按照成因，可以分为暴雨洪水灾害、融雪洪水灾害、冰凌洪水灾害、风暴潮洪水灾害等。

（2）雨涝灾害。因大雨、暴雨或长期降雨量过于集中而产生大量的积水和径流，排水不及时，致使土地、房屋等积水、受淹而造成的灾害称为雨涝灾害。

根据雨涝发生季节和危害特点，可以将雨涝灾害分为春涝灾害、夏涝灾害、夏秋涝灾害和秋涝灾害等。

由于洪水灾害和雨涝灾害往往同时或连续发生在同一地区，有时难以准确界定，往往统称为洪涝灾害。

（二）洪涝灾害特点

1. 暴雨洪涝灾害是气象灾害中重大的多发灾害

气象灾害是我国重要的自然灾害之一，暴雨洪涝灾害又是气象灾害中重大的、多发灾害，因此，对于暴雨洪涝灾害灾情空间分布信息的掌握是非常重要的。洪涝灾害往往具有突发性和范围大的特点，用卫星遥感技术可监测大面积的洪水，视野宽广，洪水边界清晰，故遥感信息产品的引入将使洪涝灾害灾情监测更及时、准确。

暴雨洪涝灾害具有以下特点：

（1）范围大、至灾程度高、持续时间长。

（2）气候条件为主导，多种因素综合叠加。

（3）重复率与发生频率高。

图1-5-1所示为雨涝灾害中淹没的农田和洪水中的村庄。

图1-5-1　雨涝灾害淹没的农田和
洪水中的村庄

2. 洪涝灾害是我国城市非常主要的自然灾害

洪是一种峰高量大、水位急剧上涨的自然现象，涝则是由于长期降水或暴雨不能及时排入河道沟渠形成地表积水的自然现象，当洪与涝对人类造成损失时则成为灾害。历史上洪涝灾害损失主要是农业损失。近几十年来，随着社会经济的发展，洪涝灾害损失的主要部分已经转移到城市，洪涝的特点也发生了很大变化。许多城市沿江、滨湖、滨海或依山

图 1-5-2　雨涝灾害中的城市广场和街道

傍水，有的城市位于平原低地，经常受到洪涝的威胁。与农村相比，城市的人口和资产高度集中，灾害损失要大得多。我国现有 668 座城市，其中 639 座有防洪任务，约占 96%。如图 1-5-2 所示，雨涝灾害中的城市广场成为湖泊，街道成为河道。

3. 城市环境是城市洪涝的重要影响因素

在城市化过程中，城市洪涝的水文特性与成灾机制发生了显著的变化，使城市水灾显现新的特点。

（1）城市化改变了城市地形、地貌及产汇流条件，造成地表植被和坑塘湖泊减少，不透水地面增大，地表持滞水及渗透能力减弱，产汇流时间缩短，地表径流量增大，河道洪峰流量成倍增加，洪峰提前，使得原有堤防的防洪能力不再能满足需要。

（2）城市扩张使原有农田变成市区，城外的行洪河道变成市内排水渠沟，加重了防洪负担，还往往造成水土流失加剧和局部水系紊乱，部分河道与排水管网淤塞，人为导致城市防洪排涝能力的下降。雨水补给减少和超采地下水还导致城市地面沉降，排涝能力减弱。

（3）城市空间的立体开发使地下商场、停车场和轨道交通等地下设施大量增加，洪水倒灌浸泡的隐患空前增大。

（4）城市废弃物数量巨大，在洪涝灾害中也能引发严重的次生环境污染。

（三）水灾逃生技巧

在洪水发生时，选取合理的逃生方法尤为重要，选取最合理的逃生路线，已经成为洪水逃生领域需要掌握的关键技巧。

（1）洪水到来之前，首先要清楚周围到达高处地势的最佳路线，并携带轻巧有持续浮力的物品以防万一。在逃跑之前如果时间充裕的话，应提前关掉电源和燃气总开关，以防洪水过后造成更大的灾害。

（2）如果洪水迅速猛涨，必须就近找到高处，如屋顶、山上、树上等处，并防止坠落。到达高处后尽可能收集一切可用来发求救信号的物品，如手电筒、哨子、旗帜、鲜艳的床单、沾油破布（用以焚烧）等，及时发求救信号，以争取被营救。

（3）不到迫不得已时不可乘木筏逃生。乘木筏是有危险的，尤其是对于水性不好的人，一遇上汹涌洪水很容易翻船。此外，爬上木筏之前一定要试验其浮力，并带上食物及船桨以及发信号的工具。

（4）当洪水来临或在山地时，如果想涉水越过溪流是非常危险的行为。假如非过河不可，尽可能找桥，从桥上通过。如果没有桥，非涉水不可，不要选择最狭窄的地方通过。要找宽广水面地方，溪面宽的地方通常都是最浅的地方。在瀑布或岩石上不可紧张，在未涉水前，先选好一个好的着脚点，用根竹竿或木棍试探一下前面的路，在起步前先扶稳竹竿，并要逆水流方向前进。

（5）当洪水来临时，人们应使用家中现有的物品进行简易的逃生自救，但这种自救往往只能起到一定程度的缓解作用，并不能够达到真正安全有效的保护人身安全的程度。而通常当洪水来临前，预兆是十分短暂的，人们无法提前预测并准备好逃生用品。因此，在家中如果能够常备一款便捷的逃生设备，能够非常快捷及时地使用，就能够很大程度地降低人们受灾时的伤亡数量。

（四）我国人民的抗洪斗争案例

1. 1998 年的抗洪斗争

1998 年，一场世纪末的大洪灾几乎席卷了大半个中国，长江、嫩江、松花江等大江大河洪波汹涌，水位陡涨。800 万军民与洪水进行着殊死搏斗，京广铁路行车受阻 100 天。据统计，全国共有 29 个省（自治区、直辖市）遭受了不同程度的洪涝灾害，直接经济损失高达 1666 亿元，成灾 6000 万亩，因灾害造成粮食减产上百亿公斤。

2. 2017 年的抗洪斗争

2017 年武汉受中游型大洪水和汉江罕见秋汛的影响，造成长江流域直接经济损失达 939 亿元，在 2000 年以来历年洪灾损失中排第三位，灾情总体较重；但死亡和失踪人口为 2000 年以来最少。2017 年防汛期间，防洪调度科学有效，抢险救灾工作得力，避免了更大的洪涝灾害和经济损失，长江水利委员会密切关注洪水雨情变化，加密预报频次，精准预报长江 1 号洪水和汉江秋汛的发生时间、洪水量级和各控制站最高水位，提前调度长江上中游 30 多座水库群腾空防洪库容 530 亿 m^3 迎汛。面对复杂洪涝灾情，长江防汛抗旱总指挥部（简称"长江防总"）和流域内相关省市严密防守、科学应对、统筹兼顾，充分发挥水库群防洪减灾效益。长江防总通过联合调度长江上中游 28 座水库群，合计拦洪 144 亿 m^3，限制减轻了洞庭湖区及长江干流莲花塘站水位不超分洪水位，避免了城陵矶地区分洪。汉江秋汛期间，兼顾防洪与调水之需，成功应对丹江口水库 8 次涨水过程和汉江中下游超警洪水，避免启用汉江中下游分洪民垸和杜家台蓄滞洪区，保护了人民生命财产的安全。

二、洪涝灾害对配电设施的危害

在洪涝灾害下，由于大量降雨的影响，电力设备极易发生短路损坏、内部放电损坏、器身部件受潮损坏等情况，而且电力设施，如配电杆塔、配电室建筑设施等，也可能遭受洪水而被破坏。

（一）洪涝灾害对变压器的影响

变压器的正常运行是电力系统安全、可靠、优质、经济运行的重要保证。在洪涝灾害下，变压器容易被淹，同时由于大量降雨，容易致使变压器发生绝缘受潮故障。电力变压器绝缘受潮是威胁其安全稳定运行的重要设备隐患。变压器绝缘受潮后，绝缘性能大大下降，在系统电压以及内部和外部过电的长期作用下，绝缘性能将会进一步恶化，甚至击穿，导致变压器损坏。个别变压器安装在低洼地段，容易受到洪涝的冲击，甚至淹没，致使变压器不能正常工作。

（二）洪涝灾害对配电线路的影响

配电线路是电力系统的重要组成部分，其中杆搭是架空配电线路的主要支撑体，而绝缘子在架空配电线路中，同时起到支撑和绝缘的作用。当灾情突发时，暴雨和大风的联合作用力超过某些配电线路或杆塔的抵抗能力时，将造成断线、倒杆等破坏；由于大量的降雨，致使绝缘子容易受潮发生闪络。尤其是跨河配电线路的杆塔，容易被淹没甚至冲毁。另外，暴风雨折断的树枝落压在架空线路上，也容易造成配电线路导线断裂。

三、洪涝灾害对配电设施破坏的案例

洪涝灾害对配电设施破坏的案例见表 1-5-1。

表 1-5-1　　　　　　　　　　　洪涝灾害对配电设施破坏的案例

洪涝灾害简要介绍	受灾现场照片	洪涝灾害简要介绍	受灾现场照片
洪涝灾害致使全部配电设施淹没，照片所示为洪水退去后，人们标注的洪水曾经到达的最高水位线，地面仍有积水和泥沙		两名电力工人登上被洪水包围的配电线路钢筋混凝土电杆，抢修更换损毁的 10kV 线路绝缘子。水中小船上有检修用电力物资	
抢修人员在深水中艰难行进，向待抢修配电设施靠近		抢修人员涉水到江心洲，正在检查一处电能表箱，保障防汛供电	
电力工人在暴风雨停止后立即投入配电设施抢修，尽快恢复供电，照片所示为电力工人攀登到双杆配电变压器台架顶端检修线路		城市将越来越多的公用基础设施放入地下室，照片所示为小区地下配电室被洪水进入，配电柜已有 0.2m 被雨水浸泡	
抢修人员在洪水淹没水域划船到配电线路电杆下，准备登杆检查线路，并连接损坏的导线			

复 习 思 考 题

1. 什么是地震灾害？有哪些特点？对配电设施的危害是什么？
2. 什么是台风灾害？有哪些特点？对配电设施的危害是什么？
3. 什么是冰雪灾害？有哪些特点？对配电设施的危害是什么？
4. 什么是雷电灾害？有哪些特点？对配电设施的危害是什么？
5. 什么是洪涝灾害？有哪些特点？对配电设施的危害是什么？
6. 低压配电线路主要由哪些元件组成？
7. 如何为低压配电线路选择钢筋混凝土电杆？
8. 配电线路上的绝缘子有什么作用？对其有什么要求？
9. 什么是架空配电线路导线的弧垂（弛度）？其大小对安全有什么影响？
10. 哪些场所可以作为洪水发生时的较为安全的临时避难地？
11. 在受到洪水突然包围时应如何逃生？

第二章

配电设施灾后风险识别

第一节　配电设施灾后现场勘察

一、勘察准备

地震、台风、冰雪等破坏性的自然灾害不仅给当地人民生命财产安全带来严重威胁，也可使配电设施遭受严重损坏，造成大面积停电。电力企业要在第一时间启动应急预案，对灾区现场配电设施进行现场勘察，为抢修物资准备、恢复供电、灾后重建提供依据，保证救援工作的顺利进行。

配电设施灾后现场勘察的第一个重要任务，便是要派出优秀的专业勘察人员。勘察人员不仅要具备配电专业技能，懂得现场勘察，更要有优秀勘察人员的必备心态。工欲善其事，必先利其器。现场勘察必须准备的资料和装备如下：

（1）准备灾区地形图，熟悉地形地貌、交通要道，确定到达灾区的路径。

（2）准备配电设施图纸，根据图纸熟悉线路走向、配电设备分布情况。

（3）准备勘察车辆、通信设施（必须随身配备两种通信工具，确保通信畅通）、夜间照明设施、急救包及其他勘察所需物资。

（4）准备绝缘靴、绝缘手套、绝缘操作杆等安全工器具。

（5）人员无法进入区域，采用无人机进行巡视勘察。

二、勘察方案

根据勘察任务，结合配电设施受灾区域编制勘察方案。勘察方案内容如下：

（1）灾情分析。对配电设施受灾情况进行分析，确定受损程度。

（2）勘察范围。勘察范围包括受灾地区内的架空配电线路、配电台区、电力电缆线路、环网柜、箱变、开闭所、配电站、重要用户、医院、住宅小区等。

（3）危险点。根据自然灾害性质，确定可能引发次生灾害的地段，在确保自身安全的前提下，开展工作。

（4）人员配备。根据有关部门通报的受灾面积和停电区域，确定人数和专业。

（5）物资准备。根据受损配电设施情况，准备抢修、恢复送电的必要电力物资。

（6）行进方式。在有道路可去的地区以车辆为主，在湖泊河流或淹没区域动用橡皮艇或冲锋舟等水面交通工具，也可根据实际情况采用其他交通工具或步行。

（7）其他。在勘察过程中，要充分考虑除勘察任务以外的工作，例如，解救被洪水、大火、暴风雪、化学污染和地震、泥石流、塌方等灾害围困和埋压的群众，协助有关部门将受灾害威胁的人员迅速转移、疏散到安全地区。

三、勘察内容

1. 灾区配电设施受损情况

配电设施包括杆塔、导线、配电室、变压器、开关设备等。

（1）电杆及其部件歪斜变形或开裂情况，电杆基础下沉、电杆各部件的连接松动情况，螺丝松动或锈蚀等情况。

（2）导线锈蚀、断股、损伤或闪络烧伤的痕迹，导线对地、对交叉设施及其他构筑物间的距离是否符合有关规定要求，导线接头松动变形等。

（3）绝缘子脏污、裂纹和偏斜，金具及针式绝缘子铁脚等锈蚀、松动、缺少螺丝及开口销脱出丢失情况。

（4）保护间隙变形、锈蚀和烧伤情况，接地引下线断股、损伤情况，引下线连接点是否牢固，各部瓷件脏污、裂纹和损坏情况。

（5）电杆拉线锈蚀、松弛、断股和受力不均的情况，拉线棒、楔形及 UT 型线夹、抱箍等连接件有无锈蚀、松动或损坏。

（6）配电室是否进水，屋顶是否塌落，配电柜是否完整，有哪些损坏。

（7）变压器有无损伤，箱体是否变形、漏油，接线柱、绝缘套管是否良好。

（8）开关设备是否良好，断路器、分段器、跌落式熔断器是否合格可用。

（9）其他。

2. 灾区其他设施受损情况

勘察灾区其他设施受损情况，确定是否会对配电设施造成进一步危害，如有无威胁配电设施安全运行的树木、广告牌、建筑物、机械设备等情况。

3. 灾区配电设施巡视

自然灾害发生后配电设施巡视内容和要求除满足安全规程规定以外，还应巡视并记录灾区的以下内容：

（1）灾区交通损坏情况。

（2）灾区天气情况。

（3）灾区群众生活情况等。

四、注意事项

（1）自然灾害发生后，配电设施勘察除遵守安全规程规定的注意事项外，还应根据灾区的灾害类型、地理位置，制定完善的勘察方案。

（2）勘察工作应由有配电工作经验的人员担任负责人，最少两人同行。电缆隧道、偏僻山区和夜间勘察应由两人或多人进行。暑天、大雪天等恶劣天气，也必须由两人或多人进行。故障勘察时，禁止攀登电杆和铁塔。

（3）雷雨、大风天气或事故勘察，勘察人员应穿绝缘鞋或绝缘靴；暑天、山区勘察，应配备必要的防护工具和药品；夜间勘察，应携带足够的照明工具。

（4）夜间勘察应沿线路外侧进行；大风勘察应沿线路上风侧前进，以免万一触及断落的导线；注意选择行进路线，防止洪水、塌方、恶劣天气等对勘察人员的伤害。事故勘察应始终认为线路带电，即使明知该线路已停电，也应认为线路随时有恢复送电的可能。

（5）勘察人员发现导线、电缆断落地面或悬吊空中时，应设法防止行人靠近断线地点 8m 以内，以免跨步电压伤人，并迅速报告调度和上级部门，等候处理。

（6）进行配电设备勘察的人员，应熟悉设备的内部结构和接线情况。勘察检查配电设备时，不得越过遮拦或围墙。进出配电设备室（箱），应随手关门，勘察完毕应上锁。单人勘察时，禁止打开配电设备柜门、箱盖。

第二节　配电设施灾后勘察风险防范

一、地震灾害配电设施勘察风险防范

发生地震灾害后到现场勘察配电设施的风险防范措施见表 2 - 2 - 1。

表 2 - 2 - 1　　　　　发生地震灾害后到现场勘察配电设施的风险防范措施

风险点	风险描述	现场防范措施
余震	余震发生时间的不确定性、连续性，造成配电设施二次损坏，时刻危及现场人员作业安全	（1）室内配电设施勘察时发生余震，作业人员保持镇定，远离带电设备，紧急避险至安全区域。 （2）室外（高处）配电设施勘察时发生余震，作业人员保持镇定，远离带电设备，不得在架空配电设施垂直下方，防止高空落物伤人
倒杆	地震、余震或次生灾害引起的外力破坏，造成倒杆、倾斜、断裂、基础不牢	（1）禁止作业人员站在杆塔或导线的垂直下方。 （2）其他人员应在杆塔高度的 1.2 倍距离以外。 （3）发现杆塔倒地造成导线与地面接触，线路随时有带电的可能，要防止跨步电压伤人。 （4）需近距离查看杆基时，要在杆塔倾斜方向的相反侧进入
断线	地震造成倒杆或倾斜后，导线张力过大造成断线；风偏过大引起相间短路断线；广告牌、树木、高空起重设备等外力造成导线断线	（1）线路带电情况不明，视导线为带电体，不得直接接触导线。 （2）10kV 配电线路不得进入断线落地点 8m 以内，防止跨步电压伤人。 （3）大风天气，要在断线落地点上风侧进行查看，防止导线摆动伤人或发生触电
高空落物	因地震造成配电杆塔或导线上悬挂广告牌、树木等异物，或因地震造成柱上开关、变压器、绝缘子等配电设备松动或悬吊，随时有坠落的危险	（1）禁止作业人员站在有可能造成落物的垂直下方。 （2）禁止作业人员站在架空线路的内角侧。 （3）余震发生时，严禁作业人员站在落物的下风侧
自备电源	地震灾害造成区域性停电，客户自备电源或光伏发电设备有反供电的可能	（1）核实发电设备双电源联络开关是否在分闸位置，做好反送电的安全措施。 （2）如果发现联络（分闸）开关损坏，则必须采用断开导线等方法将发电设备隔离，保证现场有明显断开点。 （3）禁止直接接触发电设备或线路

二、台风灾害配电设施勘察风险防范

发生台风灾害后到现场勘察配电设施的风险防范措施见表 2 - 2 - 2。

表 2 - 2 - 2   发生台风灾害后到现场勘察配电设施的风险防范措施

风险点	风险描述	现场防范措施
倒杆	台风或台风引起的外力破坏，造成倒杆、倾斜、断裂，或由于风力作用晃动及暴雨冲刷造成杆基不牢	（1）禁止作业人员站在杆塔或导线的垂直下方。 （2）要远离杆塔高度1.2倍距离。 （3）发现杆塔倒地造成导线与地面接触，线路随时有带电的可能，要防止跨步电压伤人。 （4）需近距离查看杆基时，要在杆塔倾斜方向的相反侧进入
断线	倒杆后，导线张力过大造成断线；风偏过大引起相间短路断线；广告牌、树木等外力造成导线断线	（1）线路带电情况不明，视导线为带电体，不得直接接触导线。 （2）10kV配电线路不得进入断线落地点8m以内，防止跨步电压伤人。 （3）大风天气，要在断线落地点上风侧进行查看，防止导线摆动伤人或发生触电
高空落物	因台风造成配电杆塔或导线上悬挂广告牌、树木等异物，或因台风造成柱上开关、变压器、绝缘子等配电设备松动或悬吊，随时有坠落的危险	（1）禁止作业人员站在有可能造成落物的垂直下方。 （2）禁止作业人员站在架空线路的内角侧。 （3）大风天气，严禁作业人员站在落物的下风侧
自备电源	台风灾害造成区域性停电，客户自备电源或光伏发电设备有反供电的可能	（1）核实发电设备双电源联络开关是否在分闸位置，做好反送电的安全措施。 （2）发现联络（分闸）开关损坏，采用断开导线等方法将发电设备隔离，保证现场有明显断开点。 （3）禁止直接接触发电设备或线路
绝缘受潮	因台风引起的暴雨致使配电线路配电设施、环网柜、电缆分支箱等地面设备绝缘受潮，电缆沟进水等	（1）接触设备或柜体前，要进行验电确认。 （2）禁止人员直接接触设备或操控设备
其他	勘察过程，对突然出现的台风做好避险	风进人退，风退人进

三、冰雪灾害配电设施勘察风险防范

发生冰雪灾害后到现场勘察配电设施的风险防范措施见表2-2-3。

表 2 - 2 - 3   发生冰雪灾害后到现场勘察配电设施的风险防范措施

风险点	风险描述	现场防范措施
倒杆	冰雪或冰雪造成的次生灾害引起的外力破坏，造成倒杆、倾斜、断裂、杆基不牢	（1）禁止作业人员站在杆塔或导线的垂直下方。 （2）其他人员应在杆塔高度的1.2倍距离以外。 （3）发现杆塔倒地造成导线与地面接触，线路随时有带电的可能，要防止跨步电压伤人。 （4）需近距离查看杆基时，要在杆塔倾斜方向的相反侧进入
断线	冰雪造成倒杆或倾斜后，导线张力过大造成断线	（1）线路带电情况不明，视导线为带电体，不得直接接触导线。 （2）10kV配电线路不得进入断线落地点8m以内，防止跨步电压伤人

风险点	风险描述	现 场 防 范 措 施
防冻、防寒	天气较冷,注意防冻、防寒	(1)准备防冻用品和药品,如暖水带、防冻膏、医用酒精等。 (2)注意着装保暖。在室外扎紧袖口、裤口、领口,放下帽耳,戴好手套。 (3)避免接触金属之类导热快的物品。 (4)避开泥煤地、沼泽地和风口,远离有雪崩危险的地方。 (5)多吃富含脂肪和维生素的食品,补充热量,增强身体的御寒能力
交通行进	冰雪天气,地面覆冰易滑,人员或车辆行进发生滑擦状况	(1)驾驶员在冰雪路面行车要慢、稳,不可急打方向盘,转弯时提前减速,在条件许可的情况下转弯半径应适当加大,要防止急转猛回造成侧滑。 (2)冰雪道路上行驶,要尽量保持匀速行驶,如有前车行驶轮迹,车辆应随前车辙前进。加速时,应轻踏加速踏板以防驱动转速骤升而打滑,或因两轮在急加速中遇不同阻力而产生横滑。 (3)车辆过路口或进出站时,必须要降低车速。桥洞、坡道等处更容易产生浓雾和结冰,要慢速行驶,与前车保持足够的安全行车距离,禁止超车,且行驶到这些地方不要踩紧急制动,防止侧滑。 (4)冰雪路上不可滑行,尤其在下坡、下桥时,必须采取预见性制动措施时,应断续轻踏制动踏板,不可一脚踏死,以点刹为主,确保车辆平稳运行。 (5)驾驶员要随时注意观察路面情况,尤其是较窄路段、混合车道,车速要降低,通过反光镜观察两侧情况,保持横向安全距离,防止骑自行车或电动车者摔倒,引发交通事故,撒有融雪剂的路段,也应慢速行驶。 (6)行车过程中要密切注意各种车辆和行人的动态,骑车人和行人穿着的衣服厚重,有的还戴着头盔或帽子甚至耳罩,所以驾车时一定要随时注意避让,多使用语音提醒,留出足够的横向和纵向距离,保证行车安全。 (7)当班驾驶员要提前到达场站,对车辆的安全性能进行仔细全面的检查。把前挡风玻璃和反光镜上的冰雪清除干净,抹干玻璃里外的水雾,保证行车时有良好的视线。车厢地板和车门踏板如有结冰应及时处理,防止乘客上下车和在车内走动过程中摔倒

四、雷击灾害配电设施勘察风险防范

发生雷击灾害后到现场勘察配电设施的风险防范措施见表 2-2-4。

表 2-2-4　　　　发生雷击灾害后到现场勘察配电设施的风险防范措施

风险点	风险描述	现 场 防 范 措 施
断线	雷击造成架空线路断线	(1)线路带电情况不明,视导线为带电体,不得直接接触导线。 (2)10kV配电线路不得进入断线落地点8m以内,防止跨步电压伤人

五、洪涝灾害配电设施勘察风险防范

发生洪涝灾害后到现场勘察配电设施的风险防范措施见表 2-2-5。

表 2 - 2 - 5   发生洪涝灾害后到现场勘察配电设施的风险防范措施

风险点	风险描述	现场防范措施
倒杆	洪涝造成杆塔长时间浸泡在水中，出现基础下沉，造成倒杆、倾斜、断裂，或暴雨冲刷造成杆基不牢	（1）禁止作业人员站在杆塔或导线的垂直下方。 （2）其他人员应在杆塔高度的1.2倍距离以外。 （3）发现杆塔倒地造成导线与地面接触，线路随时有带电的可能，要防止跨步电压伤人。 （4）需近距离查看杆基时，要在杆塔倾斜方向的相反侧进入
断线	倒杆后，导线张力过大造成断线；风偏过大引起相间短路断线；广告牌、树木等外力造成导线断线	（1）线路带电情况不明，视导线为带电体，不得直接接触导线。 （2）10kV配电线路不得进入断线落地点8m以内，防止跨步电压伤人。 （3）大风天气，要在断线落地点上风侧进行查看，防止导线摆动伤人或发生触电
设备浸泡	洪涝造成地面、地下配电设施、环网柜、分支箱、电缆沟等设备浸泡，易发生触电事故	（1）接触设备或柜体前要进行验电确认。 （2）禁止人员直接接触设备或操控设备
徒步涉水行进	勘察过程，行进道路或设施被水淹没，水下行进道路不明	（1）核实行进路线，不盲目行进。 （2）探明水位深浅及行进道路有无坑、洼不平。 （3）工作人员穿防水衣
车辆涉水行进	洪涝造成车辆行驶道路淹没，水位深浅及水下不明	（1）小车涉水不能超过40cm。 （2）车涉水时不要加速。 （3）汽车在水中熄火，切不可立即启动。 （4）汽车涉水后，应该及时排除刹车片水分

复 习 思 考 题

1. 配电设施灾后现场勘察应做好哪些准备工作？

2. 配电设施灾后现场勘察的主要内容有哪些？

3. 配电设施灾后现场勘察室外注意事项是什么？

4. 发生地震灾害后到现场勘察配电设施的风险及防范措施是什么？

5. 发生台风灾害后到现场勘察配电设施的风险及防范措施是什么？

6. 发生冰雪灾害后到现场勘察配电设施的风险及防范措施是什么？

7. 发生雷电灾害后到现场勘察配电设施的风险及防范措施是什么？

8. 发生洪涝灾害后到现场勘察配电设施的风险及防范措施是什么？

第三章

配电抢修作业内容及危险点与防范措施

第一节　树障清除作业内容及危险点与防范措施

树障清除作业内容及危险点与防范措施见表3-1-1。

表3-1-1　　　　　　　　　　树障清除作业内容及危险点与防范措施

序号	作业步骤	作业内容	危险点与防范措施
1	工作准备	（1）准备车辆、油锯、高枝锯、手持锯、斧头、砍刀、绳索、抱杆、梯子等清障用具。 （2）准备绝缘手套、绝缘靴、另克杆、验电器、接地线等安全工器具	
2	现场安全措施	（1）验明作业区域确无电压，断开上一级开关，在工作地点两端装设接地线。 （2）检查树障两边的杆根、拉线是否固定，清障过程有无倒杆、断线现象	（1）触电伤害。灾害发生后，线路带电情况不明，作业人员做好安全措施，在停电情况下进行清障。 （2）倒杆伤害。灾害造成杆塔基础不牢，树木倾倒在杆塔上，受力发生变化，检查杆塔、拉线基础并采取加固措施，防止倒杆。 （3）断线伤害。树木倾倒在导线上，检查导线有无断股、在线夹内松动或脱出的危险，对导线、树木进行加固。 （4）跑线伤害。分析清障过程，有无突然断线造成导线回弹伤人，对导线采取防跑线措施
3	树木固定	（1）使用抱杆对倾倒树干进行固定。 （2）人员使用梯子等登至树木中间以上部位，使用绳索固定树木并反方向做好牵引措施	（1）马蜂蜇人。对树木进行检查，发现马蜂窝采用火烧烟熏、袋装、喷洒杀虫剂等方法进行清除，工作人员做好皮肤防护。 （2）抱杆滑脱。抱杆与树木成对立方向45°安装，抱杆根部采取防沉降、滑脱措施。 （3）高空坠落。梯子登高有专人扶梯，采取防滑措施，高处作业人员使用安全带。 （4）牵引绳脱扣。使用牢固的绳扣进行固定
4	树木移除	（1）使用高枝锯清除树头枝叶。 （2）使用油锯在树木根部锯断。 （3）牵引人员共同将树木移除	（1）工具伤人。使用油锯作业时，手、脚要放在适合的位置，防止划伤。 （2）高空坠落。梯子登高有专人扶梯，采取防滑措施，高处作业人员使用安全带，不得系在待砍伐的树木上。 （3）树干滚动。使用绳索在树干两侧固定。 （4）树木伤人。绳索应有足够的长度，以免拉绳的人员被倒落的树木砸伤

第二节　导线更换接续作业内容及危险点与防范措施

导线更换接续作业内容及危险点与防范措施见表3-2-1。

表 3 - 2 - 1 导线更换接续作业内容及危险点与防范措施

序号	作业步骤	作业内容	危险点与防范措施
1	工作准备	（1）准备车辆、个人施工用具、导线接续用具、牵引绳、紧线机等施工用具。 （2）准备绝缘手套、绝缘靴、另克杆、验电器、接地线等安全工器具	
2	现场安全措施	（1）验明作业区域确无电压，断开上一级开关，在工作地点两端装设接地线。 （2）检查作业范围内的杆根、拉线是否固定，作业过程有无倒杆、断线现象	（1）触电伤害。灾害发生后，线路带电情况不明，作业人员做好安全措施，在停电情况下进行作业。 （2）倒杆伤害。灾害造成杆塔基础不牢，检查杆塔、拉线基础并采取加固措施，防止倒杆。
3	撤线、放线、紧线	（1）撤线。拆除绝缘子上固定导线的绑线，对导线进行松线处理。 （2）放线。使用牵引绳、放线滑车，采用人力或机械展放新导线。 （3）紧线。使用绞磨、倒链或钢丝绳紧线机收紧导线，观察弧垂在合格范围后固定导线	（1）交叉跨越触电伤害。跨越停电线路验电、挂接地线；跨越带电线路应按要求先搭设跨越架，放线时派专人看守。 （2）倒杆断线。检查电杆拉线是否牢固，紧线、放线必须打临时拉线，严禁采用突然开断导线的做法松线。 （3）误登带电线路。认真核对线路名称和杆塔编号。 （4）导线及牵引绳抽人。紧线、放线时人员不得站在已受力的导线、牵引绳下方及内角侧。 （5）杆身滚动伤人。钢丝绳应套在适当的位置，倒杆范围内严禁有人活动。 （6）工器具使用伤人。检查工器具是否合格、配套、齐全。 （7）感应电伤人。挂接地线时戴绝缘手套，先接地端，后挂导线端；一人操作，一人监护；使用合格绝缘棒，人体不得触碰导线和地线。接地线为多股软铜线构成，其截面不小于 $25mm^2$；所挂接地线与导线接触要靠；攀登时，动作不宜过大，匀步攀登。 （8）高空坠落。杆上作业时必须系安全带，并应系在牢固构件上；扣环要扣牢；转位时，不得失去安全带保护；杆上有人作业时不得调整或拆除拉线，禁止杆上人员使用通信工具、吸烟等。 （9）物体打击。现场工作人员必须戴安全帽，杆上人员要防止掉东西，使用的工具、材料等应放在工具袋内；作业下方防止行人逗留；用绳索传递物品，新立电杆应设置围栏，防止有行人靠近。 （10）工器具失效。紧线和撤线要注意，每个工序进行受力振动检查，无异常后再进行下一步工序。 （11）跑线伤人。检查工器具连接是否牢固，并打两道保护绳；关上滑车保险，工作人员不得站在导线内角侧
4	导线接续	根据不同型号、材质的导线，选用缠绕法、插接法、钳压法、液压法进行连接	（1）工具伤人。使用电工刀剥削绝缘层，刀口向外；使用断线钳剪断导线时，禁止作业人员将手伸入钳口；使用接触压模；使用液压钳压接导线时，禁止作业人员触碰压模。

序号	作业步骤	作业内容	危险点与防范措施
4	导线接续	根据不同型号、材质的导线，选用缠绕法、插接法、钳压法、液压法进行连接	（2）跑线伤人。剪断导线时，对导线进行固定，防止跑线伤人。 （3）车辆挂线。导线跨越交通道路时，采取禁止车辆通过措施，防止车辆挂线。 （4）其他危险。使用酒精、汽油清理导线氧化层，禁止明火，远离易燃易爆物品，避免引起火灾
5	绝缘导线	同裸铝绞线	绝缘导线架设的危险点物品，主要有放线操作不当或收紧线的牵引力过大可能导致绝缘导线绝缘层的损伤

第三节　电杆扶正更换作业内容及危险点与防范措施

电杆扶正更换作业内容及危险点与防范措施见表3-3-1。

表3-3-1　　　　　　　　电杆扶正更换作业内容及危险点与防范措施

序号	作业步骤	作业内容	危险点与防范措施
1	工作准备	（1）准备车辆、个人施工用具、导线接续用具、牵引绳、紧线机等施工用具。 （2）准备绝缘手套、绝缘靴、另克杆、验电器、接地线等安全工器具	
2	现场安全措施	（1）验明作业区域确无电压，断开上一级开关，在工作地点两端装设接地线。 （2）检查作业范围内的杆根、拉线是否固定，作业过程有无倒杆、断线现象	（1）触电伤害。灾害发生后，线路带电情况不明，作业人员做好安全措施，在停电情况下进行作业。 （2）倒杆伤害。灾害造成杆塔基础不牢，检查杆塔、拉线基础并采取加固措施，防止倒杆
3	三脚架法立杆	由于三角抱杆的受力将随重物的提升而导致整体起吊重心上升，抱杆稳定性下降，因此，三角抱杆立杆只适用于10m以下电杆的起立	1. 危险点 三脚架法立杆主要危险点为倒杆伤人。 2. 防范措施 （1）所有工作人员应服从现场负责人的统一指挥。 （2）严格控制电杆起立过程中的三脚架平衡受力，始终保持电杆平稳地起立且速度均匀，避免大的冲击而出现电杆受力失控的现象。 （3）确保三脚架等所有工具的合格使用，并严格控制各支腿的受力平衡。 （4）除指挥人及指定杆根、三脚架支腿控制操作人员外，其他人员必须应在杆高的1.2倍距离以外。 （5）电杆没有完成回填稳定前，不允许上杆作业。

序号	作业步骤	作业内容	危险点与防范措施
3	三脚架法立杆	由于三角抱杆的受力将随重物的提升而导致整体起吊重心上升，抱杆稳定性下降，因此，三角抱杆立杆只适用于10m以下电杆的起立	3. 其他安全事项 （1）工作人员要明确分工、密切配合。在居民区和交通道路上施工时，应有专人看守。 （2）立杆过程中，禁止工作人员杆下穿越、逗留，杆坑内严禁有人工作
4	单抱杆起立法立杆		1. 危险点 （1）抱杆强度不够或支撑方式不合理，将导致抱杆折断。 （2）抱杆控制不合理或操作过程中失去稳定性，可能直接造成倒杆事故。 2. 防范措施 （1）严格对抱杆的外观质量进行检查，确保抱杆的质量合格。 （2）合理调整抱杆四周拉线的受力，确保抱杆的工作稳定性。 （3）匀速起吊，杆下工作人员应随时注意起吊过程中电杆的运动，避免由于其他障碍物而影响电杆的起吊平稳。 （4）电杆直立后，应立即制动电杆四周临时拉线。 3. 其他安全事项 （1）在保证抱杆强度（安全系数不低于4）足够的前提下，抱杆的有效高度（吊点滑轮到地面的垂直高度）应高于电杆重心1～1.5m，以确保起立过程有足够的起吊空间。 （2）白棕绳的外观质量应符合有关规定的要求，应无霉变、断股、散股等现象。 （3）钢丝绳及钢丝绳套（千斤套）的外观质量应符合有关规定的要求（钢丝绳的安全系数应不低于4.5，千斤套的安全系数应不低于10），当出现明显磨损、毛刺、断股、电弧或火烧伤时，不允许使用。 （4）在满足滑轮有足够的机械强度条件下，滑轮的转动应灵活且无明显的外观损伤
5	倒落式人字抱杆起立法立杆		1. 危险点 倒落式人字抱杆组立电杆的危险点主要是倒杆伤人。 2. 防范措施 （1）确保所有工器具的合格及使用正常。 （2）除指定杆下工作人员外，其他工作人员禁止进行杆下作业。 （3）严格控制整个起立过程的受力平衡，避免出现电杆摇摆和抱杆的倾斜。 （4）禁止在电杆未完全固定前上杆作业。 3. 其他安全事项 （1）施工现场必须统一指挥并有专职安全员现场监督。 （2）四周操作控制点距杆中心的距离应大于1.2倍的杆塔全高。 （3）在完成杆塔校正、拉线制作且电杆定位稳定后方可上杆作业

续表

序号	作业步骤	作业内容	危险点与防范措施
6	吊车起立法立杆		1. 危险点 吊车立杆的主要危险点为高空落物伤人。 2. 防范措施 （1）进行电杆捆绑时，捆绑一定要牢固、稳定，不允许有滑动的可能性。 （2）吊车起吊及旋转的过程中，禁止有人在吊物下方行走、逗留及工作。 （3）吊车旋转时动作应均匀，速度适当慢一点，避免吊臂旋转过程中电杆出现过大的摆动。 （4）严格控制吊车在旋转或吊臂伸缩的同时进行重物的上升操作。 （5）电杆未填实稳固前，禁止吊车进行撤钩操作。 3. 其他安全事项 （1）合理安排起吊路线，严禁吊车的吊件从人身或驾驶室上越过。 （2）在吊车工作期间，吊车吊臂上及构件上严禁有人或浮置物。 （3）为保证施工现场的安全和作业秩序，在过往人员较多或相对人员集中的地方立杆时应设安全围栏，防止行人误入作业区

第四节　柱上配电设备更换作业内容及危险点与防范措施

柱上配电设备更换作业内容及危险点与防范措施见表3-4-1。

表3-4-1　　　　　柱上配电设备更换作业内容及危险点与防范措施

序号	作业步骤	作业内容	危险点与防范措施
1	工作准备	（1）准备车辆、个人施工用具、吊装用具、牵引绳、倒链、滑轮等施工用具。 （2）准备绝缘手套、绝缘靴、另克杆、验电器、接地线等安全工器具	
2	现场安全措施	（1）验明作业区域确无电压，断开上一级开关，在工作地点两端装设接地线。 （2）检查作业范围内的杆根、拉线是否固定，作业过程有无倒杆、断线现象	（1）触电伤害。灾害发生后，线路带电情况不明，作业人员做好安全措施，在停电情况下进行作业。 （2）倒杆伤害。灾害造成杆塔基础不牢，检查杆塔、拉线基础并采取加固措施，防止倒杆

续表

序号	作业步骤	作业内容	危险点与防范措施
3	托梁槽钢安装	受外力破坏，槽钢固定螺丝松动、扭曲变形、断裂等现象，需现场紧固或更换	高处坠落 （1）登杆塔前检查杆根及登杆工具是否牢固可靠，不牢固严禁攀登。 （2）杆塔上有人工作时，不得调整或拆除拉线。 （3）作业人员必须正确系好安全带杆塔上转移作业位置时，不得失去安全带保护，安全带绳应系在牢固的主材上，安全带绳扣应始终位于自身两侧
4	设备吊装	（1）自然灾害发生后，开关受外力破坏，出现瓷套破损、支架变形等现象，需要吊装维修。 （2）开关无维修价值，需吊装更换新开关	1. 高处坠物伤人 现场人员必须戴好安全帽。杆塔上作业人员要防止掉东西，使用工器具、材料等应装在工具袋里，工器具的传递要使用传递绳，杆塔下方禁止行人逗留。按规定设置安全围栏，悬挂警告标志。 2. 起重伤人 （1）使用合格的起重机械，严禁过载使用。 （2）使用前检查起重工具是否完好，钢丝绳做好检查。起吊开关和吊运装车过程中必须绑牢，在棱角和滑面与绳子接触处应加包垫，起吊时必须设专人指挥，起重臂下严禁站人，要统一信号，统一指挥。初起和落放必须平稳。 （3）初起和落放必须平稳，人员移动开关时要做好防挤压措施。 （4）开关起吊点必须是设备生产厂家规定的起吊点。 （5）开关起吊过程中及未固定牢固前应做好防止吊钩脱钩措施。 （6）使用滑轮组时应先检查滑轮及绳索、钢丝绳的允许拉力是否满足需要，滑轮组使用开门滑车时，应将开门勾环扣紧。 （7）开关方向控制绳应系在可靠位置
5	设备安装	紧固开关固定螺栓	高处坠物伤人。现场人员必须戴好安全帽。杆塔上作业人员要防止掉东西，使用的工器具、材料等应装在工具袋里，工器具的传递要使用传递绳，杆塔下方禁止行人逗留。按规定设置安全围栏，悬挂警告标志
6	设备引线安装	对开关引线进行固定，接线正确、牢固	
7	外观检查和试验	（1）清除开关表面异物。 （2）对开关进行绝缘电阻测试	触电伤害。测试过程，人员不得接触测量导线和设备外壳

注 配电设备主要指柱上开关、配电柜、变压器。

第五节　余震更换表箱表计作业内容及危险点与防范措施

余震更换表箱表计作业内容及危险点与防范措施见表3－5－1。

表3－5－1　　　　　　余震更换表箱表计作业内容及危险点与防范措施

序号	作业步骤	作业内容	危险点与防范措施
1	表箱表计更换	作业人员登梯进行低压表箱表计更换，作业过程突然发生余震	（1）落物伤人。清除作业人员上方，当余震发生时有可能掉落的砖头、瓦块，预防落物伤人。 （2）墙体倾倒伤人。作业前检查墙体有无开裂、倾斜危险，防止作业过程墙体倒塌伤人。未采取可靠加固措施禁止登梯作业。 （3）高空坠落伤害。若作业人员在梯子上作业，突发余震梯子晃动时，高处作业人员应迅速解开安全带，顺梯下滑，扶梯人员蹲下扶梯，以降低重心，保持稳定。待梯上人员落地后，两人迅速撤退至开阔处

第六节　跨步电压触电救护危险点与防范措施

跨步电压触电救护危险点与防范措施见表3－6－1。

表3－6－1　　　　　　跨步电压触电救护危险点与防范措施

序号	作业步骤	作业内容	危险点与防范措施
1	跨步电压触电自救	自然灾害或外力造成导线断线并掉落地面，以落地点为中心8m以内形成跨步电压。作业人员不慎进入危险区域	触电伤害。双脚并在一起，然后马上用一条腿或两条腿跳离危险区
2	跨步电压触电他救	自然灾害或外力造成导线断线并掉落地面，以落地点为中心8m以内形成跨步电压。作业人员不慎进入危险区域，接触到断落的导线发生触电，救护人员进入该危险区进行救护	1. 危险点触电伤害 2. 防范措施 （1）救护人员穿绝缘靴，戴绝缘手套进入危险区，用绝缘操作杆或不带接地线的接地挂杆将断落导线挑离触电者。 （2）导线断线后斜向掉落地面，且与导线最近的固定点距离较长时，救护人员可远离导线落地点8m以外，使用绝缘操作杆或木棍挑开导线，使触电者脱离电源，或使用不小于20m传递绳反方向拽过去。现场若没有干燥的长绳子可用干燥的衣物连接在一起代替绳子使用。 （3）导线断线到垂直掉落地面，与导线最近的固定点距离较短或顺杆下落时，可用绝缘的梯子或木板铺设在地面上，救援人员踩在上面行进接近伤员，手持绝缘杆挑落导线且防止导线跑动

复 习 思 考 题

1. 灾后清理线路走廊中的树障的作业内容是什么？有哪些危险点？应采取什么措施？

2. 导线更换和接续作业内容是什么？有哪些危险点？应采取哪些防范措施？

3. 电杆扶正、更换电杆作业内容是什么？有哪些危险点？应采取哪些防范措施？

4. 柱上配电设备更换作业内容是什么？有哪些危险点？应采取哪些防范措施？

5. 在有余震情况下如何更换表箱表计？有哪些危险点？应采取哪些防范措施？

6. 如果你正好处于带电导线落地点 8m 以内时，应怎样逃离跨步电压触电危险区域？

7. 如果有人正好处于带电导线落地点 8m 以内时，你如何实施救援帮他逃离跨步电压触电危险区域？

第二篇

配电线路洪涝灾害抢险

第四章

洪涝灾害危险与防范

第一节　洪涝灾害对配电设施的危害及防范

洪涝灾害属于自然灾害事故，主要由大雨、暴雨或持续降雨引起，季节性很强。在自然灾害中，洪涝灾害是最常见且又危害较大的一种灾害。洪涝灾害出现频率高，波及范围广，来势凶猛，破坏性极大。洪涝灾害不但淹没变压器、开关柜等配电设施，造成倒杆、断线，还会破坏配电室、地下配电设施，造成供电中断，严重的洪涝灾害可能能引起人员淹溺、建筑倒塌等事故。

一、洪涝灾害对人类生存环境的影响

洪涝灾害不仅会带来巨大的经济损失，而且对人类的生存环境也会造成极大破坏，这种对环境的破坏主要表现为以下 4 个方面。

（1）对生态环境的破坏。水土流失问题是中国严重的生态环境问题之一，而暴雨山洪是主要的自然因素。

（2）对耕地的破坏。洪涝灾害对耕地的破坏主要是水冲沙压、破坏农田。如 1963 年海河大水，水冲沙压造成失去耕作条件的农田超过 13 万 hm²。黄河决口泛滥对土地的破坏更为严重，每次黄河泛滥决口都使大量泥沙覆盖延河两岸富饶土地，导致大片农田被毁。

（3）对河流水系的破坏。中国河流普遍多沙，洪水决口泛滥致使泥沙淤塞，对河道功能的破坏极其严重，尤其是黄河泛滥改道，对水系的破坏范围极广，影响深远。

（4）对水环境的污染。洪水泛滥对水环境的污染主要是造成病菌蔓延和有毒物质扩散，直接危及人民的身体健康。

二、强降雨对配电线路的危害及防范

1. 强降雨对配电线路的危害

强降雨时，雨水会导致线路杆塔、拉线等基础设施浸泡在水中，造成这些基础土质软化影响杆塔拉线等牢固性，当拉线基础软化到不能承载导线应力时，拉线地锚被拔起，倒杆事故随即发生。雨水直接冲刷杆塔拉线等基础，也可造成基础围土塌方发生倒杆事故。这些倒杆事故都会造成局部停电，而且抢修困难，是对配电网最直接的危害。

2. 配电线路对强降雨危害的防范

首先要在电网建设中下工夫，如杆塔拉线不要设置在易受雨水浸泡的低洼处，还要避开易受雨水冲刷的沟渠旁。如果受环境条件限制一定要设置在上述地方时，要加大投入做钢筋混凝土基础，再适当增加埋设深度以提高防倒杆能力。其次在电网运行中要加强巡视，发现杆塔拉线基础有被雨水冲刷情况时及时加固，防止塌方，提高线路安全运行水平。

三、洪涝灾害对配电设备的危害及防范

1. 洪涝灾害对配电设备的危害

强降雨对配电设备的最大危害是水对电气设备绝缘破坏后造成设备漏电，随时危及人

身安全，也容易引起电气短路发生火灾等事故，造成财产损失扩大。因此，为了保护人们生命和财产安全，暴雨中水位超过警戒值时一般应立即启动电网应急预案停电。停电后，必须等到洪水退去后，电气设备绝缘电阻符合规定值即不小于 $0.5\mathrm{M}\Omega$ 时，方可恢复供电。如 2013 年 10 月 7 日，受"菲特"台风引发的特大暴雨，浙江余姚遭受了百年一遇的特大水灾。配电线路大范围停电，10kV 线路跳闸 10 条，拉停 163 条，造成 3232 台配电变压器停电，涉及停电用户 205424 户。其中，只有小部分配电设备是受水浸淹停运的，相当部分停电是主动拉闸，为保护灾区广大人民群众生命安全不得已而为之，停电时间最长的达 9 天。

图 4-1-1　检修人员在被淹的地下配电室工作

（1）城市配电设施一般安装在地下最底层，在洪水来临时，若配电室内排水设施和城市排水系统失效，很容易引起洪水倒灌到配电室内，威胁配电室开关柜等电气设备的安全运行，因配电设施被水淹造成大面积停电。图 4-1-1 所示为检修人员在被淹的地下配电室工作。

（2）地上配电设施。

1）杆塔。雨水导致线路杆塔、拉线等基础设施浸泡在水中，基础土质软化不能承载导线应力，拉线地锚被拔起，发生倒杆事故，这些倒杆事故都会造成局部停电，是对配电网最直接的危害，如图 4-1-2 所示。

2）配电设备。水对电气设备绝缘破坏后造成设备漏电，危及人身安全，也容易引起电气短路发生火灾事故，如图 4-1-3 和图 4-1-4 所示。

图4-1-2　电力工人正在扶正倾斜的电杆

图 4-1-3　泡在水中的箱式变电站

2. 配电设备对洪水危害的防范

针对洪水对电气设备绝缘的危害，可以采取如下防范措施：

（1）合理选择配电变压器安装位置，避开低洼地带，将配电柜等安装基础抬高到超过当地防内涝水坝最高层高度，杜绝把配电设施安装到地下室的现象，防止发生内涝时洪水浸泡配电设备。

（2）用户室内电器安装应有防止洪水内涝措施，如一楼不要安装落地插座，电器开关、插座等安装高度离地面 1.3m，为地下室等易受洪水浸泡的电器设备安装独立的带剩余电流动作保护功能的电源开关，发生洪水内涝时能防止漏电隐患及时断开电源，确保其他设备能安全用电，缩小停电范围。

（3）对一些落地式用电器，如道路照明庭园灯等室外用电设备及线路，也应有防止洪水浸泡的隔离措施，同时安装独立的带剩余电流动作保护功能的电源开关，防止雨水浸泡导致设备漏电事故发生，也可及时断开电源不影响其他设备正常使用。

（4）要培养一批全能型员工应对灾情。面对配电设备，即使是电力系统内部员工，也有相当部分人员只知其一不知其二，所以需要培养和拥有一大批电力行业基层的"全科医生"队伍，面对灾情能快速有效地组织抢修，缩小事故范围。

图 4-1-4　泡在水中的配电变压器台

第二节　洪涝灾害带来的疾病风险与防控

一、洪灾可能造成疾病流行的原因

洪灾之后，人体抵抗力下降，容易生病。同时，受灾地区的环境、基础卫生设施遭到严重破坏，粪便、垃圾、畜圈以及淹死的家禽和牲口都可能造成环境和水源污染，食物也由于洪水的浸泡而遭到严重污染。电力的破坏导致食物保存的难度增加，有可能导致食源性疾病或者食物中毒的发生。另外，蚊子、苍蝇和老鼠的密度也可能会在短时间内增加，自然疫源地随之扩散。总之，洪涝灾害期间及灾后，人体抵抗力下降，由于天气潮湿，细菌滋生速度加快，而且水源被污染，食物变质，这就为很多疾病的扩散创造了条件，救援人员要了解灾害期间常见的各种病症，知道如何去预防和治疗。

二、主要传染病

首先要预防的是肠道传染病，如霍乱、伤寒、痢疾、甲型肝炎、戊型肝炎等。

洪灾地区主要容易发生以下六大类疾病：一是痢疾、伤寒、甲肝等肠道传染病；二是自然疫源性疾病，如流行性出血热、钩端螺旋体病等；三是虫媒传染病，主要有疟疾、乙型脑炎等；四是以血吸虫为主的寄生虫病；五是计划免疫控制的传染病，如麻疹、脊髓灰质炎、白喉等；六是多发疾病，如手足口病、急性出血性结膜炎、皮肤病、中暑、食物中毒等。

1. 霍乱

霍乱是一种由霍乱弧菌引起的烈性肠道传染病。潜伏期为 3 小时至 7 天，主要表现为严重的腹泻和呕吐，吐泻物为米泔水样，一般无腹痛、无发热，重者可发生失水性休克。病情发展迅速，如不及时救治，可死于多器官衰竭，且传播快，可大规模流行。

2. 伤寒

伤寒是经消化道传染而发生的恶性传染病，主要因进食被细菌及细菌毒素污染的食物和水源引起，常为全家或群体发病。起病徐缓，体温呈阶梯形上升，4~5 天后高热，持续 1~2 周，继而面色苍白，腹泻或便秘，肝脾肿大，部分病人可并发肠出血、肠穿孔，治疗不及时或治疗不当常危及生命。

3. 细菌性痢疾

细菌性痢疾是由痢疾杆菌引起的急性肠道传染病，大多是进食不洁食品后感染痢疾杆菌所致，主要表现为发热、腹痛、腹泻，并伴恶心、呕吐、口干等表现。

4. 甲型肝炎、戊型肝炎

甲型肝炎、戊型肝炎是由于水源被带有肝炎病毒的粪便污染引起的疾病。甲型肝炎和戊型肝炎病毒感染潜伏期为半个月到一个月，发病特点相似，多数病人起病时类似感冒或胃病，有发热、怕冷、呕吐等现象。甲型肝炎患者以儿童和青少年为主，病程一般为一至两个月，极少转为慢性或重症肝炎。戊型肝炎患者以青壮年和老人为多，其中孕妇和老年人发病严重且病死率高。

5. 钩端螺旋体病

钩端螺旋体病是人畜共患的自然疫源性疾病，是一种水灾疾病，鼠类和猪是携带钩体的主要传染源。此病起病急骤，常有畏寒、发热、眼结膜充血和淋巴结肿大临床表现。治疗不及时，常因肾、肝衰竭而死亡。

6. 流行性出血热

流行性出血热是危害人类健康的重要传染病，是由流行性出血热病毒（汉坦病毒）引起的，以鼠类为主要传染源的自然疫源性疾病，以发热、出血、充血、低血压休克及肾脏损害为主要临床表现。

7. 流行性乙型脑炎

流行性乙型脑炎经蚊传播，临床上起病急，有高热、头痛、呕吐、嗜睡等表现。重症患者有昏迷、抽搐、吞咽困难、呛咳和呼吸衰竭等症状。体征有脑膜刺激征、浅反射消失、深反射亢进、强直性瘫痪和阳性病反射等。本病多见于 7—9 月的三个月内，10 岁以下儿童发病率最高。

8. 疟疾

疟疾是经按蚊叮咬或输入带疟原虫者的血液而感染疟原虫所引起的虫媒传染病。本病主要表现为周期性规律发作，全身发冷、发热、多汗，长期多次发作后，可引起贫血和脾肿大。典型的周期性寒战、发热、出汗可初步诊断，不规律发热，而伴脾、肝肿大及贫血，应想到疟疾的可能。凶险型多发生在流行期中，多急起，高热寒战，昏迷与抽搐等。

9. 血吸虫病

血吸虫病是由裂体吸虫属血吸虫引起的一种慢性寄生虫病。日本血吸虫患者的粪便中含有活卵，为本病的主要传染源。人畜传播途径主要有钉螺、粪便、尾蚴的疫水。患者早期可有咳嗽、胸痛、偶见痰中带血丝等，急性期出现发热、痢疾样大便、肝脾肿大等表现。口服吡喹酮，可预防血吸虫病。

10. 流感

流感是流感病毒引起的急性呼吸道感染疾病，其主要通过空气中的飞沫、人与人之间的接触或与被污染物品的接触传播。突然起病，畏寒高热，体温可达 39～40℃，多伴头痛、全身肌肉关节酸痛、极度乏力、食欲减退等全身症状，常有咽喉痛、干咳，可有鼻塞、流涕、胸骨后不适等。

11. 上呼吸道感染

上呼吸道感染简称上感，是包括鼻腔、咽或喉部急性炎病的总称。各种导致全身或呼吸道局部防御功能降低的原因，如受凉、淋雨、气候突变、过度疲劳等可使原已存在于上呼吸道的或从外界侵入的病毒或细菌迅速繁殖，从而诱发本病。老幼体弱、免疫功能低下或患有慢性呼吸道疾病的患者易感此病。

三、其他传染病

1. 皮肤病

水灾发生后，人们双下肢长期浸泡在污水中，双手也多接触污水，常导致浸渍性皮炎、手足癣和皮肤感染。

2. 丹毒

丹毒是一种累及真皮浅层淋巴管的感染，诱发因素为皮肤的裂隙，尤其是皲裂或溃疡的炎症为致病菌提供了侵入的途径。轻度擦伤或搔抓、头部以外损伤、慢性小腿溃疡均可能导致此病。早期症状有突然发热、寒战、不适和恶心。数小时到 1 天后出现红斑，并进行性扩大，界限清楚。患处皮温高、紧张，并出现硬结和非凹陷性水肿，受累部位有触痛、灼痛，常见近卫淋巴结肿大，伴或不伴淋巴结炎。好发于小腿、颜面部。

3. 红眼病

接触污水的机会增多，污水污染眼睛，常常导致红眼病流行。早期症状与急性卡他性结膜炎相似，但传染性强，传播快，如接触病人用过的东西，往往在 12～24h 内发病。

4. 食物中毒

气候潮热，卫生状况差，细菌易繁殖，人群吃进了被细菌或细菌毒素污染的食物均可发病。潜伏期短，一般为数小时至 2 天，最短为 1h。主要表现为畏寒、发热、恶心、腹泻等，重者可引起脱水、血压下降甚至休克。

5. 破伤风

如果在洪水中出现划伤，皮肤破损容易导致破伤风，特别是伤口接触过泥土，感染破伤风的可能就会更大。

四、预防传染病的措施和注意事项

（一）预防传染病的措施

水灾灾区卫生条件差，特别是饮用水的卫生难以得到保障，首先要预防的是肠道传染病，如霍乱、伤寒、痢疾、甲型肝炎等。另外，人畜共患疾病和自然疫源性疾病也是洪涝期间极易发生的，如鼠媒传染病（钩端螺旋体病、流行性出血热）、蚊媒传染病（疟疾、流行性乙型脑炎、登革热）等。灾害期间常见皮肤病包括浸渍性皮炎、虫咬性皮炎、尾蚴性皮炎等；灾害期间意外伤害包括毒虫咬螫伤、毒蛇咬伤、食物中毒、农药中毒等。

1. 肠道传染病预防

注意饮食和饮水卫生是预防肠道传染病的关键。

（1）水灾后要清除垃圾污物，进行环境消毒，管理好粪便、垃圾，减少污染。

（2）保护水源，特别是生活饮水，免受污染。用漂白粉或漂白粉精片（净水片）消毒生活用水。

（3）洪水后不要去游泳，减少感染机会。

（4）注意个人卫生和饮食卫生。

（5）消灭苍蝇。

2. 鼠媒传染病预防

（1）尽量减少或避免与疫水接触机会。

（2）管好猪、狗等家禽、动物排泄物，进行圈养。

（3）加强防鼠、灭鼠、杀虫工作。

（4）注意个人卫生，加强个人防护，下水作业时尽量穿长筒胶鞋、皮裤等。

（5）病人粪尿用石灰或漂白粉消毒。

（6）有条件的可接种疫苗，或在医生指导下服用预防药物。

3. 蚊媒传染病预防

（1）控制和管理传染源，家畜家禽圈棚经常洒灭蚊药，病人要隔离。

（2）清扫卫生死角、积水，疏通下水道，喷洒消毒杀虫药水，消除蚊虫滋生地，降低蚊虫密度，切断传播途径。

（3）夜间睡眠挂蚊帐，做好个人防护，避免被蚊虫叮咬。

（二）预防传染病注意事项

对于水灾传染疾病，最重要的是确保饮水和饮食的卫生。当然，灾后防疫工作也要做好。洪水过后，应该积极治理环境卫生，加强水源水质的检测和管理，确保饮用水卫生，在没有自来水的情况下，应该尽可能饮用符合卫生标准的瓶装水、桶装水、临时净化水。有条件的地方可以选择流量大、周围无污染源、水质良好的江河水做水源。在食品卫生方面，大家平日里要做好自我保护工作，注意饮食食品安全，杜绝"病从口入"。所有人都应该做到饭前便后洗手，不吃生食品，如有剩饭剩菜要妥善保存，存放时间不能超过 4h，再吃时必须加热。集体伙食单位在食品采购、储存、加工等方面要严格把关，做到生熟分开，及时消毒餐具。洪涝过后，容易滋生蚊蝇鼠害，还要注意卫生防疫工作。洪涝灾害后，由于集中居住、卫生条件差，加上连日救灾劳累，身体抵抗力也会下降。一旦有人得传染病，疾病就可能迅速蔓延，其特点常常是来势猛、传播快、发病率高。

（1）积极清理污水，改善周围环境。

（2）注意注意食品卫生，不喝生水，消灭蚊蝇和老鼠，不吃不明原因死亡的牲畜，发现病死牲畜及时向防疫部门报告。

（3）不要在有钉螺处休息宿住，避免赤足涉水或在水塘中游泳。若条件不允许，涉水后要马上把脚充分洗干净，然后擦干，保持干燥；若有伤口，要做消毒处理。

（4）身体不适、发现疾病及时治疗。

（5）政府和卫生防疫部门应该注意保护水源，对污染或可疑污染的水源及时做消毒处理；改善群众居住环境，保证有足够的饮用水和饮食，增加群众的身体抵抗力；同时加强对传染病的监测，发现传染病及时控制，防止疾病流行。

（三）抗洪救灾抢险人员注意事项

在抢险过程中，抗洪救灾抢险人员要注意自己人身安全，预防溺水。由于灾区卫生条件比较恶劣，环境湿热，抗洪救灾抢险人员比较容易出现烂脚和烂裆，因此要有针对性地进行预防和治疗，平日注意通风和干燥，屋子要设置窗户，打湿的衣裤要尽快晒干，尽可能保持皮肤干燥。此外，注意防止毒虫蛰咬，避免搔抓皮肤，防止引起混合感染。一旦皮肤有伤口或者破溃，要及时找医生治疗。另外，在抢险的同时也要注意休息，提高抵抗力。洪灾过后往往烈日炎炎，抢险人员要预防中暑。

第三节　配电设施抢险过程中风险的防范

一、中暑风险

发生中暑后，抢险人员要停止工作，脱离高温环境，转移到阴凉、遮阳、通风的地方。初期中暑，要补充水分，应该是温水或者凉水，而不是冰水；轻度中暑，可以喝藿香正气水；重度中暑，需要住院补液，结合物理降温，必要时采用药物对症措施。

中暑的早期表现最常见的是口渴，原来出汗很多，现在突然不出汗了，并且发现自己觉得很热、体温升高、头晕、头痛及胸闷，这些可能是中暑的先兆。到了中暑的中期，病人会出现心慌、头晕、注意力不集中。到了中暑后期，可能就会直接晕倒在地，严重的甚至会出现心脏骤停。

二、雷雨风险

抢险过程遇雷雨天气，不要接近电力设备，如高压线路、变压器等，也不要在大树下停留，要远离开阔的地方，不要在雷雨天接打电话。

要尽量躲进室内，若来不及躲避，切忌奔跑，要闭嘴，双膝下蹲，同时双手抱膝，胸口紧贴膝盖，尽量低下头，因为头部较之身体其他部位最易遭到雷击。若颈、手外有蚂蚁爬走感，头发竖起，说明将发生雷击，应赶紧趴在地上，并丢弃身上佩戴的金属饰品，以减少遭雷击的危险。

如果看到高压线路遭雷击断裂，应提高警惕，因为高压线断点附近存在高电压，要远离现场。

三、高空风险

1. 建筑物

洪水流动过程中，将一些较疏松的表层土冲走形成地坑，当建筑物位于地坑周围时，随着洪水作用时间的延长，建筑物的地基土被洪水冲刷、掏空导致建筑物基础滑移、断裂，随时有可能发生倒塌。墙体长时间浸泡，也有可能发生倒塌。在抢险过程中，船艇行驶要远离建筑物。如图4-3-1所示为建筑物位于地坑周围，图4-3-2所示为建筑物的地基土被洪水冲刷。

图 4 - 3 - 1　建筑物位于地坑周围

图 4 - 3 - 2　建筑物的地基土被洪水冲刷

2. 带电体

洪涝灾害发生后，架空导线、杆架变压器等电气设施的对地安全距离由于水位上升较正常安全距离缩短，船艇行驶、操作过程要远离或避让带电体。图 4 - 3 - 3～图 4 - 3 - 5 所示为被毁的电气设施可能成为水中的带电体。

四、水面风险

（1）抢险用船艇体积小，重量轻，大风天气引起的风浪容易引发翻船事故。抢险过程中，若大船或快艇以很高的速度从一只小船旁近处开过时，小船易被大船的气流和海浪推向远处，此时应提前注意避让，如图4 - 3 - 6 所示。

图 4 - 3 - 3　铁塔

图 4 - 3 - 4　跌落熔断器

图 4 - 3 - 5　电杆拉线

（2）由于水位增高，行进过程遇桥梁、涵洞时要提前避险或另选行进道路，如图 4 - 3 - 7 和图 4 - 3 - 8 所示。

图 4-3-6　小船很易被大船的气流和海浪推向远处

图 4-3-7　桥梁

图 4-3-8　涵洞

五、水下风险

船艇行驶危险更多的是存在于水下而不是水上，水下暗流、漩涡造成的翻船危险始终存在。水流较深时，常会出现漩涡，此时应尽量避免被卷入，绕行而过。如果被卷入的话，要保持镇静，让艇顺着涡流旋转，等转至漩涡时，全力划桨冲出困境，如图 4-3-9和图 4-3-10 所示。

图 4-3-9　城市排污井形成的漩涡

图 4-3-10　农村田野洞穴形成的漩涡

六、激流水域风险

美国消防协会将激流定义为水流流速大于 0.5m/s 的水体。

激流救援主要指救援水域现场水流湍急、流速较高、水流冲击力大的救援。

1. 激流救援的主要危险

（1）河流能见度低。由于清洁剂与肥料的大量使用，河流平均能见度已低于 2m，使救援人员难以寻找水中物体。

（2）水流低温。浸泡在冰冷水中，水流会大量快速带走体温，救援人员能量消耗大，对人体有极大的危害。

（3）水流中的障碍物。河床的地形对水流状况影响很大，更是造成各种漩涡、回流或是上升及沉降流的主因。河床地形大致包括河中洞穴、下切岩块、突出岩块、沙洲、桥墩、拦砂坝等。当在较深处有障碍物时，高速水流流过障碍物形成的涡流在水面看不到明显痕迹，但水下会有复杂的涡流和暗流，会有极大的吸力。

2. 激流水域区域流况模拟

（1）桥墩区域流况模拟如图 4-3-11 所示。高速水流在冲过水中的障碍物后，障碍物前的水流速度减小，水流急速绕过障碍物，水流向下运动形成下潜水流，产生负压区，在障碍物后部会形成尾涡。障碍物后侧水流速度相对较小，但是水流方向不定，会形成各

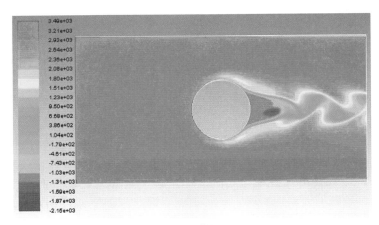

（a）流况模拟一

（b）流况模拟二

图 4-3-11 桥墩区域流况模拟

个方向的涡流，涡流向下吸引的力量通常不会很大，但它可把人或物牵引至涡流中心而且不易脱离。人们会因此而紧张，加上障碍物区域水流较为混乱，不论踩水或游泳都不容易抓到水，导致涡流把人往下拉扯。因此，激流中的障碍物附近水流形态复杂、难测。

（2）河道的宽窄变化数值模拟如图 4-3-12 所示。在天然河道不规则河岸附近及河道宽窄变化的下游，由于水流的离解，液体常以质点群的形式围绕一个公共轴转动，称之为漩涡流。河岸附近绕垂直轴旋转的直轴漩涡，常对岸边产生强烈冲蚀，引起河岸崩塌。河床底部岩槛及沙坡等起伏处形成的横轴漩涡流，会使床底发生变形。河道水流除向下游运动外，还存在垂直于主流方向的横向运动，表层的横向水流与底层横向水流方向相反，在过水断面上，横向水流构成一个封闭系统，即环流，环流与纵向水流结合一起，成为漩涡流。人员在水流的冲击下陷入此处时，很可能会在此地不断打转，无法脱离至水流较缓区域。

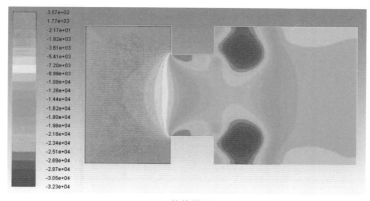

（a）数值模拟一

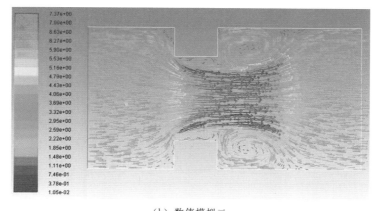

（b）数值模拟二

图 4-3-12　河道的宽窄变化数值模拟

（3）低位差堰区域数值模拟如图 4-3-13 所示。低位差堰区域的最大特征是在其下方通常会形成凹陷，人员陷入此处时，会遭受上方下落的水流冲击，水下形成水流分叉，部分流向下游，部分流回高位。被困者会因为回流作用浮出水面后，又被迅速带回水下。

在水流带动下还会形成反向的回流，把人员吸回水流的下落点。河水坠落可产生水动力回流，回流能捕捉浮体，就地打转。

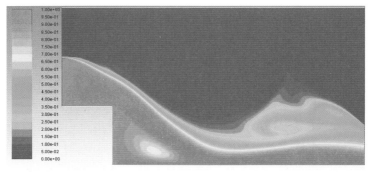

（a）数值模拟一

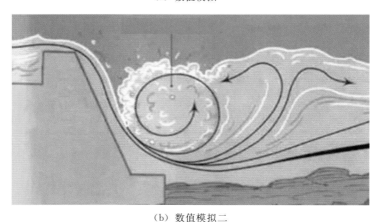

（b）数值模拟二

图 4 - 3 - 13　低位差堰区域数值模拟

七、其他风险

出现因强风、台风、雾、霾、雪、暴风雨、沙暴或任何其他类似原因而使能见度受到限制的情况时，及时采取躲避措施或禁止行船。

第五章

船艇抢险技能

第一节 浮 动 码 头

一、码头

(一)概述

要登上船艇,必须有一个船艇可以靠近接人上去的地方,这就是码头。码头又称渡头,是一条由岸边伸往水中的长堤,也可能只是一排由岸上伸入水中的楼梯,它多数是人造的土木工程建筑物,也可能是天然形成的。码头是港口的主要组成部分。

(二)分类

(1)按码头的平面布置分,包括顺岸式码头、突堤式码头、挖入式码头等。挖入式码头又分为挖入式港池或半挖入式码头;突堤式码头又分窄突堤(突堤是一个整体结构)码头和宽突堤(两侧为码头结构,当中用填土构成码头地面)码头。

(2)按码头断面形式分,包括直立式码头、斜坡式码头、半直立式码头和半斜坡式码头。

(3)按码头结构形式分,包括重力式码头、板桩式码头、高桩式码头、斜坡式码头、墩柱式码头和浮码头式码头等。

(4)按码头用途分,包括一般件杂货码头、专用码头(渔码头、油码头、煤码头、矿石码头、集装箱码头、游艇码头等)、客运码头,以及供港内工作船使用的工作船码头,为修船和造船工作而专设的修船码头、舾装码头。

(5)按码头使用时间长短分,包括临时性码头和永久性码头。

(6)按码头处水深分,包括直立式码头、斜坡式码头和浮动码头。直立式码头便于船舶停靠和机械直接开到码头前沿,以提高装卸效率。内河水位差大的地区也可采用斜坡式码头,斜坡道前方设有趸船作码头使用,这种码头由于装卸环节多,机械难于靠近码头前沿,装卸效率低。在水位差较小的河流、湖泊中及受天然或人工掩护的海港港池内也可采用浮动码头,借助活动引桥把趸船与岸连接起来,这种码头一般用做客运码头、卸鱼码头、轮渡码头以及其他辅助码头。

二、浮动码头的作用、结构、特点和适用范围

(一)浮动码头的作用

浮动码头具有船只停泊、清洗、维修以及人员上下船等功能。浮动码头是一种可以随水位高低上下浮动的码头,可根据需要多节多形状拼接,浮筒上部表面采用防滑花纹设计,四角皆为圆弧钝角造型,避免一般水泥、木制、铁制设施所常见的危险,具有较高承载力,筒体平稳、耐久,每平方米的承载力可达 325kg 以上。这种结构组装简易、快速、灵活,造型多样,整体采用模块结构,可配合各种需要,迅速更换平台造型,如图 5-1-1 所示。

在突发洪涝灾害的水域往往没有正规现成的码头供船艇使用,临时建造一个浮动码头是最好的办法。

图 5-1-1 用浮筒搭建的浮动码头

（二）浮动码头的结构

浮动码头采用玻璃钢材质，原材料由 DC189 号树脂、无碱毡、玻纤布、促进剂、催化剂、进口颜料糊等组成。

浮动码头长 6.15m，宽 2.5m，浮台高度 0.7m，顶篷高度 2.5m，吃水深度 0.12m，可负载 3000kg，如图 5-1-2（a）所示，多运用于游艇码头、观光平台、通行（车）浮桥、施工浮标、轮渡码头、水上休闲平台、水上舞厅、舞台、泳池、海上浴场和工程建设等配套设施。图 5-1-2（b）所示为可供抢险救援登上冲锋舟和橡皮艇的小型浮动码头。

（a）大型、多用途型　　　　　　　　　　　（b）小型、救援型

图 5-1-2 浮动码头

（三）浮动码头的特点

（1）材质采用高分子量高密度聚乙烯（HMWHDPE），为抗腐、防冻、抗氧化、抗紫外线的强化材质，不受海水、化学品、药剂、油渍及水生物的侵蚀；无污染，不破坏环境。

（2）浮筒体上部表面采用防滑花纹设计，安全稳固；四角皆为圆弧钝角造型，避免一般水泥、木制、铁制设施所常见的危险，例如滑倒，被碎木屑、锈钉刺伤等。

（3）较高承载力，筒体平稳、耐久，每平方米的承载力可达 325kg 以上。

（4）除自然环境中不可抗力及人为的不当使用外，几乎不需花费保养、维修费用。

（5）组装简易、快速、灵活，造型多样，整体采用模块结构，可配合各种景观的需要，迅速更换平台造型；外观色彩亮丽，造型优美，为景区锦上添花，增强宣传效果；更可根据场地及氛围的不同，可与其他材质产品（木、钢材）建造出不同的建筑风格。

（6）可节省大量的维护、保养、更替、检修费用及时间。

（7）配套设备齐全，有系船栓、缆桩、防撞球、护栏、登岸舷桥及踏板等，码头可停泊各种大小船只；因水上浮动平台的浮力特性，码头可随水位起落而自动升降，旅客上下船只的安全、舒适性大增。

（四）浮动码头的适用范围

浮动码头承受风浪能力如下：水面风浪 5 级内为安全使用状况；水面风浪 5～7 级时须加强安全保护；水面风浪 7～10 级为限制使用范围。—60～80℃为浮动码头的正常工作环境温度。

三、浮动码头的组成和承载力

浮动码头的主体是浮筒。浮筒对于中小型码头来说，浮力以及承载力都已足够。如果单层浮动码头不能满足要求时，还可以搭建为双层浮筒的浮动码头，两侧用铁框固定，可以大大增加浮动码头的浮力，保证稳定性和安全性。利用浮筒为主体的浮动码头可以根据船体的尺寸，设计出不同的码头。浮动码头可铺设木板，还可以在一定程度上延长码头的使用寿命。

（一）浮动码头的组成

浮动码头主要由堤岸、固定斜坡、钢结构活动梯、主（支）通道浮码头、定位桩、供水系统、供电系统、船舶、上下水斜道、吊升装置等组成。

1. 堤岸

堤岸采用钢筋混凝土浇筑、砌石或其他结构方式施工，活动梯连接处预埋钢结构铰链装置。

2. 钢结构活动梯

钢结构活动梯的主要结构采用热轧槽钢，扶手用方钢管或圆钢管连接，增加受载力，梯面铺设防腐模板。活动梯与堤岸采用铰链连接，活动梯与浮动码头采用活动滑轮接触，滑轮受力区铺设钢板，加强浮动码头钢结构骨架，增加受力面积。

3. 主（支）通道浮码头

主（支）通道浮码头主要由三部分组成，包括浮箱（浮力部分）、受力钢结构（连接和受载主体）、走道（木骨架和木地板）。

4. 定位桩

定位桩主要有预制混泥管桩、钢桩、灌注桩、木桩等。

5. 供水系统、供电系统

供水用PP塑料管软性连接，供电采用船用电缆，采用专用防水插头。浮筒间可预埋铺设各式电缆线（管径≤5cm），并于指定位置提供铁制销钉基座，作为临时灯柱、配电箱等。

（二）浮动码头的用材

1. 主材

浮筒用高分子高密度聚乙烯材料制成，上部表面设计防滑花纹，方块造型，四边曲线设计，四角为圆弧钝角造型，颜色有橙、蓝、黑、灰色等。

2. 配件

码头配件包含短销、侧面螺丝组、厚垫片、防撞筒、系船栓、缆桩、护栏、固定锚、扶梯等。

（三）浮动码头的承载力

1. 浮动码头垂直承载力

（1）单体浮筒高度为 40cm，每平方米由 4 个浮筒组成，每平方米 100％ 负载为 350kg。空载吃水深为 2.5～3cm；承载 230kg 时吃水深为 15～20cm（安全使用）；承载 350kg 时吃水深为 35～40cm（极限状况）。

（2）双层浮筒高度为 80cm，每平方米由 8 个浮筒组成，每平方米 100％ 负载为 640kg。空载吃水深为 3～5cm；承载 460kg 时吃水深为 40～50cm（安全使用）；承载 700kg 时吃水深为 70～80cm（极限状况）。

2. 浮动码头水平承载力（单双层皆同）

（1）浮筒单体侧部静载承受水平挤压力为 600N。

（2）浮筒单体浮力不小于 650N。

3. 码头可靠泊船只排水量

（1）船只排水量小于 100t（安全使用）。

（2）船只排水量小于 220t（极限状况）。

（四）浮动码头的锚固方式

水深小于 3m 时，于适当位置竖立钢桩固定，再以滚轮滑架连接桩柱，既可防止浮动码头左右横移，又可随水位自动升降；水深大于 3m 时，推荐沉锚固定水底，钢缆交叉牵引的锚固方式。

（五）浮动码头的防护设施

在浮动码头船舶停靠点外围辅以网络式球型防碰垫胶系栓，防止船只与码头直接摩擦，以保护船舷表面与浮筒体安全。

四、浮动码头的设计和搭建

（一）浮动码头的设计

在水域应急救援中，浮动码头的样式设计主要考虑救援的实际需求，如需要的泊位数量、泊位的长宽、船舶进出码头的方向、码头吃水深度、码头的需求面积等，根据这些因素设计满足实际需要的浮动码头。

码头样式设计出来以后，仔细计算所需要的主材及各种附属配件的数量，以便迅速供应材料。另外，浮动码头的安装要严格按照设计图纸进行，样式、长宽、颜色等都要完全与图纸吻合。

（二）浮动码头的搭建

1. 浮动码头搭建和安装固定的作业流程

设计→计算→选材→运输→平台拼装→栏杆与扶手安装→系船桩安装→登陆斜坡通道安装→下锚固定→安装防护设施。

2. 浮筒安装

浮筒前后左右拼在一起，连接口会重叠在一起，然后将短销钉从接口处自上而下插入固定。此方法固定稳固，不易晃动，适合大面积的连接。

第二节　船　　艇

一、船艇选择

抢险船艇通常选择冲锋舟，冲锋舟分为三种，即玻璃钢冲锋舟、充气橡皮艇冲锋舟以及海帕伦材质冲锋舟。

（一）充气橡皮艇

橡皮艇（rubber boats，rubber dinghy）的种类繁多，型号各异，有部队渡江渡海作战用的军用艇，有武警防汛救援的防汛艇，有专门追求速度的挂机艇，有完全手动的皮划艇，有体验激流乐趣的漂流艇，有外形朴实的工作艇、木船，有用于近海垂钓的钓鱼艇等，如图 5-2-1 所示。

（a）橡皮艇样式

（b）使用舷外机做动力的橡皮艇

（c）人力划桨行进的橡皮艇

图 5-2-1　橡皮艇

橡皮艇特点如下：

（1）体积小，质量轻，便于携带。

（2）充好气长 4.15m、宽 1.5m，叠好后长 1m、宽 0.5m、高 0.3m。艇重 45kg，载重 400kg，可搭载 8 人。

（3）安装方便，平地无硬物时展开冲锋舟铺平并将龙骨气囊整理平整，使用脚踩充气泵对气囊充气，再安装船桨、坐板。

（4）分别给各个气囊充气，充气方法为单个气囊充气 80% 左右，轮换着均衡充气，然后再分别补足气，最后给底部 V 形龙骨充气，整个船体充气完成。

（5）载重少，软底易受尖锐物体损伤。

1. 打气

一般的橡皮艇都是由三个独立气室或四个独立气室组成的，采用多独立气室的设计是最科学的。打气的气嘴设计也很重要，最好的就是像自行车胎那样的，拧死就不漏气，但可以放气，要放气必须把气嘴拧下来。不论什么情况下，气都不要打得太满，要留有一定的余量。这一点很重要，因为太阳晒的时候，空气膨胀很厉害。打完气之后要检查气嘴和船身，看看有没有漏气的地方。

2. 下水

在下水之前，要先把两个桨固定好，选择码头或岸边没有石头的地方下水。最好穿高点的水鞋，也可光脚，把船往水里推个三五米再上船，这样船就不容易刮底，即使刮底也不至于将船底刮破。上船时屁股坐在船帮上，不能进水，把脚上的水控一下再转身进船，然后赶紧划几下离开岸边的浪花区。

3. 划船

要注意把桨固定好，别掉江水里。划的时候注意动作的协调，有些橡皮艇由于底是平的，不容易走直线，一般练习一下就适应了。水浅的地方可能会有涌，涌很容易让船晃，不过不容易让船进水，涌不大的时候，尽量让船头对准涌来去的方向，这样船晃得轻一些，容易掌握方向。

（二）玻璃钢冲锋舟

现代充气冲锋舟主要用于政府机构执行海事任务，方便运输，安装容易；海帕伦材质冲锋舟主要用于武警等执行重要的任务时使用；玻璃钢冲锋舟广泛用于军事行动和救灾行动之中，如图 5-2-2 和图 5-2-3 所示。

图 5-2-2 玻璃钢冲锋舟

（a）在江河中巡视的冲锋舟

（b）供特种兵在海边训练的冲锋舟

图 5-2-3 不同用途的玻璃钢冲锋舟

玻璃钢冲锋舟具有以下特点：

（1）核载人数 10～14 人，航速 30～40kn（1kn＝1n mile/h＝1852m/h），载重 900～1200kg。

（2）可采用机械螺旋桨或人力划桨航行。

（3）空间大，可装载电力抢险物资。

（4）船体为玻璃钢材质，硬底，可防止尖锐、坚硬物体。

（5）体积大，不方便运输，船体重 300kg 左右，人力装卸困难。

1．冲锋舟水上训练的安全措施

（1）所有参训人员要穿戴好水上救援防护装备，安全措施要到位，检查要细致，上船之前由教官讲解冲锋舟训练注意事项，确保安全。

（2）要严格遵守训练规程，严格按照训练要求开展，注意个人和他人安全，严禁在冲锋舟上嬉戏打闹，禁止盲目下水，切实将安全工作落到实处。

2．冲锋舟水上训练中的注意事项

（1）要高度重视水上救援训练，牢固树立"练为战"的指导思想。

（2）要积极探索、熟练掌握训练内容和训练方法，确保基干分队在抗洪救灾中随时能"拉得出、冲得上、打得赢"。

（3）注重操舵手的培养与选拔，选择水性好的同志担任安全员。

3．水上救援人员的注意事项

（1）对不会水或水性较差者，必须穿着救生衣，或其他必要的防护措施。

（2）在被洪水冲走时，应保持冷静，尽力避开急流、漩涡，切忌长时间逆流，以节省体力，并设法向安全点靠近。

（3）若被卷入漩涡时，应尽力憋气，避免呛水，并设法摆脱。

（4）救援人员要善于观察周围的情况，及时掌握水情的变化，尤其注意水位上涨后，应注意在水中仍然通着电的高压电线，防止因跨步电压击伤人员。

（5）防止蛇类等动物因躲避洪水，与人类抢占树木等避险处而袭击避难人员。

（6）需下水救人时，一定要预先做好准备，先让"五心"（手掌心、脚掌心、头顶心、前心、后心）适应凉水后，方可下水，以防出现下水后肌肉痉挛。

（7）救人时，一定要掌握冲锋舟的角度，防止撞伤、擦伤或螺旋桨打伤等事故发生。

（8）操机人员要按照水位深浅来及时调整桨的高度，防止因高速行驶搁浅发生事故。

（9）在处理缠绕在螺旋桨上的杂物时，一定要注意安全，必须停车作业，防止打伤人员。

（10）在突然停机时，安全员、救护人员要保证冲锋舟的平衡和稳定，防止事故发生。

二、其他物资准备

（一）夜间行船灯

船艇夜间航行，要按规定打开夜间行船灯"左红右绿中间黄"，在相当距离外，对方来船都能清晰地看到和辨认，各按航道行驶。当两船靠近，须开探照灯时，不能将探照灯直照前方，避免探照灯光直射对面来船驾驶人员的眼睛，造成眼花缭乱，产生错误驾驶，造成交通事故。

（二）通信设备

洪涝灾害发生后，人们日常使用的公共通信网络由于通信基站及设施被水淹而处于瘫痪状态，手机无法使用，电力应急抢险人员应使用对讲机、海事卫星电话进行通信联络。海事卫星电话各种配件，如图 5 - 2 - 4 所示。海事卫星电话使用方法，详见《电力应急救援培训系列教材——电力应急通信》一书。

图 5 - 2 - 4　海事卫星电话组件

（三）个人安全防护装备

1. 安全头盔

安全头盔外形如图 5 - 2 - 5 所示。

安全头盔具有以下特点：

（1）色泽鲜艳醒目，保护头及耳部，并在头盔上部留有排水孔。

（2）外壳采用高强度聚乙烯材质制作而成，能提供良好的缓冲性能，铆钉采用不锈钢材质，可避免水中使用后生锈。

（3）头盔有 6 个排水通风孔。

（4）头盔顶部的透气孔可以确保在天气炎热的情况下依然感到凉爽。

（5）内置 3 块泡沫垫，能紧贴头部，颈部绑带使其固定后不会移位，带有快速卡扣，可调节大小。

图 5 - 2 - 5　安全头盔

2. 救生衣

救生衣（life jacket）又称救生背心，是一种救护生命的服装，设计类似背心，采用尼龙面料或氯丁橡胶、浮力材料（泡沫塑料或软木）或可充气的材料、反光材料等制作而成，如图 5 - 2 - 6 所示。

（a）救生衣外形　　　　（b）救生衣着装标准（正面）　　　　（c）救生衣着装标准（侧面）

图 5 - 2 - 6　救生衣

救生衣一般使用年限为 5～7 年，是船上、飞机上的救生设备之一。穿在身上具有足够浮力，使落水者头部能露出水面。救生衣具有鲜艳的颜色，可以让救援人员在远处就能找到你；救生衣一般都具有保护身体的作用，让你的身体避免受到伤害。比如救生衣具有保证人能浮在水面上的功效，还有就是当有人发出求救信号时，救生员会轻易地找到被困人员，从而快速地对被困人员实施救援。

3. 皮裤连身衣

皮裤连身衣外形如图 5 - 2 - 7 所示。在需要涉水的作业中，如拖舟、探水路、水中扶正电杆等，须穿皮裤连身衣，还可以防寒、防划伤。注意：所在水域水深最好不要超过 1.3m。

4. 浮力袋

浮力袋是一种可以漂浮在水面上的背包，也叫防水包、漂流袋、防水气密桶，如图

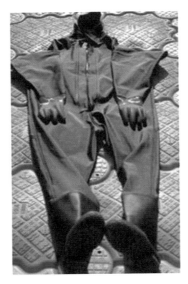

图 5 - 2 - 7　皮裤连身衣

5 - 2 - 8 所示。应急抢险人员可以把体积小、重量轻的防水、防潮物品放入浮力袋内，如绝缘靴、绝缘手套、验电器等。

（a）防水包外形　　　　　　（b）把不可湿水器件装包　　　　　（c）双肩背

图 5 - 2 - 8　防水包

5. 食物、药品

电力应急抢险人员随身储备些高热量食品，如巧克力、饼干等，以增强体力。避难时，应携带好必备的衣物御寒，特别要带上必需的饮用水，千万不要喝洪水，以免染病。随身携带医疗急救包，配备相应的药品，如图 5 - 2 - 9 所示。

（四）航行注意事项

（1）避让。应遵守逆水船避让顺水船的规定。

（2）尾随航行。机动船在尾随航行时，后船应与前船保持足以避免发生碰撞的安全距离。

（3）掉头。应待来船驶过后再进行掉头。

（a）外表　　　　　　　　　　　　　（b）内部
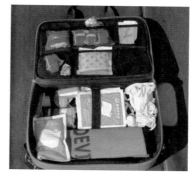

图 5-2-9　食物、药品应急包

三、救生衣安全使用

（一）救生衣的分类

（1）海用救生衣。海用救生衣也是用得最多的一种，其内部采用 EVA 发泡素材，经过压缩 3D 立体成型，其厚度为 4cm 左右（国产的是 5～6 片薄材料，厚度为 5～7cm），按照标准规格生产的救生衣，都有它的浮力标准，一般成年为 7.5kg/24h，也就是说成年人穿上它浸于海中 24h 后其浮力仍可以达到 7.5kg。

（2）自动膨胀式救生衣。自动膨胀式救生衣一般用于船钓，内部采用双层高强度化工材料，万一落水，按右侧按钮，左侧自动吸入空气，反射板将空气储藏，直至充满，此类救生衣的浮力较大为 10kg/24h，但应尽量防止其与暗礁接触，以防破损。

（3）矶钓跨臂式救生衣。矶钓跨臂式救生衣一般用作为矶钓用品，前面有一对纽扣，穿上时需将其拉好。救生衣胸部或肩部都有一对椭圆形发光体，主要是用于海上救助，挑选时应注意是否开缝，然后再去考虑其色调和面料等。

（二）救生衣使用方法

（1）将救生衣口哨袋朝外穿在身上。

（2）拉好拉链，双手拉紧前领缚带，缚好颈带。

（3）将下缚带在前身左右交叉缚牢。

（4）穿妥后检查每一处是否缚牢。

（5）救生衣务必贴合身体

（三）救生衣使用注意事项

（1）不管是哪种救生衣，必须按要求系好所有的绳子，不要"懒得系"。

（2）不要为了过后方便脱掉系活结，一定要系死结，反复检查每一处是否系牢，避免落水后因水压冲击而松开。

（3）一定要绑紧，使救生衣紧贴身体，避免落水后因水压冲击而脱落。

（4）一定要把配置了反光膜和口哨袋的一面穿在外面，反光膜是为了发生意外时搜救人员好寻找，口哨可以用来求救，避免因为大喊大叫损失太多体力。

（5）不要中途脱下救生衣，要随时准备好应对意外的发生。

（四）落水自救

万一不幸落水，一定要做到以下几点：

（1）不要慌张，因为穿了救生衣，暂时没有危险。

（2）留意周围环境，不要让尖锐的东西戳破救生衣，救生衣的表面是尼龙布或氯丁橡胶做的面料，有防水作用。

（3）使头部始终保持在水面上，保持均匀呼吸，吹口哨呼救。

（4）如果落入海中，口渴了别喝海水，海水盐度高，只会让人更渴更缺水。

（5）注意保暖。很多人不是被淹死的，而是被冻死的。由于不能马上获救，需保持等待救援姿势即 HELP 姿势，避免热量丧失太快，国际公认的最佳等待救援姿势——双腿卷曲尽量收拢于小腹下，两肘紧贴身旁夹紧，两臂交叉抱紧在救生衣胸前，头颈部露出水面。

四、橡皮艇的组装、充放气、拆卸、清洗和储存

（一）组装

在安装或拆卸橡皮艇前，要选择平整地块并清理硬物。然后将艇打开放平，最好的温度是在 15.5℃，检查活阀的弹簧杆是否关上（注意：充气前要把活阀关好，安全气阀在充气过多时会自动排气，以保护橡皮艇），逆时针方向旋转直至弹簧杆凸出，接着用充气泵把中心龙骨充满气，起到支撑骨架的作用，再用脚泵或用可调节气压与开关的电气泵为船身充气，要按出厂时的说明书规定的额定气压充气。座位和踏板的安装要根据橡皮艇的设计确定，一般要在船身充气到一半的时候把坐板的两边先卡上船身两侧。踏板中的 1 号板要正确装在船头，3 号板装在船尾，2 号板装在 1 号板的夹扣中，2 号板和 3 号板装在正确位置后用力向下压稳（注意：安装踏板时板面要向上，随着船身增长，踏板的安装顺序和方法以此类推）。最后再把船身充满气，把船桨衔接上，安装到船艇上，具体安装要参照说明书进行。

（二）充气和放气

橡皮艇的充气和放气须使用厂家提供的脚踏充气泵和可调节气压与开关的电气泵给船身充气，气压要按出厂时的说明书调节好（注意：不可用压缩气泵充气，如充车胎泵，因充气时排出气体太强容易损坏船身夹缝和防水膜）。充气时先使用电动充气泵给船体充气，后程用脚踏式充气泵结束充气，并保持气压稳定，充气和排气时每条储气管要保持均衡充气和排气，以免损坏排气阀和气室壁。此外，气候和操作方式也会影响船的气压，遇热会上升，遇冷会下降。根据气候和操作条件的变化，在船只使用过程中不断调节气压，随时保持适当压力，如充过气 2～3 天的船只压力可能会逐渐降低，需要重新充气调整压力。

（三）拆卸

在拆卸橡皮艇的时候要注意船身的清洁和干爽，然后打开全部活阀，压下弹簧杆并顺时针方向轻微旋转，锁住气芯。如果是铝踏板底，先拆除铝支架和中间踏板后再拆船头板和船尾板，然后挤压船身放掉一部分的空气后，用脚泵把船各条储气管内的气全部抽出。最后将船底向下折叠，先由船舷两边折向船尾操作。

（四）清洗

橡皮艇拆卸完毕后，船及其部件须用中性洗涤剂洗净并用清水冲干净。清洗橡皮艇时

不可用蜡、含乙烯基溶剂、化学品、含氯和酒精的清洁剂、汽油清洗船身，所有船体都可用肥皂和清水清洗。检查木质部分是否有损害或磨损，面漆是否完好，如表面有划痕或磨损时要用船用清漆修补。清洗检查完毕待所有部分晾干后，放入便携袋防止发霉。为了使船光亮如新，需将船存放于阴凉干净处，避免太阳直射。

（五）储存

储存过程中，为避免船只受损，不要在船只上面放置重物并防止小动物破坏船身。此外，如果船体采用 PVC 材料，则出厂前已加有防紫外光涂层，如每半年全船喷防紫外光剂一次，可延长橡皮艇使用的年限。另外，橡皮艇如需长期存放，最好把艇内气体排出。

五、橡皮艇异常处理

（一）牵引—锚—缆绳

当橡皮艇出现故障，需要船牵引时，应确保被牵引的艇上没有乘员。牵引绳必须安全地系在故障艇两侧的 D 形环上，牵引时要随时留意被牵引橡皮艇的情况，锚和缆绳必须安全地系在 D 形环上。

（二）气囊故障

如果橡皮艇出现气囊故障，当一个气室发生漏气时，要先均衡对边的重量，将重量转移到相反方向。系上或抓紧漏气的地方，保护泄漏气室（系住或堵住），并迅速划向最近的陆地靠岸。

（三）水上危险

当橡皮艇在不熟悉的水域行驶时，行驶前应获取当地水域的相关信息。橡皮艇行驶时遇到暗礁、乱石滩、沙洲、浅滩等水域时，须尽量避免直接驶过，应绕行或小心通行。

（四）修补

当橡皮艇出现小范围的撕破、割破及小孔时，修理小于 1/2in（12.7mm）小漏洞或小孔时需用直径值最小为 3in（76.2mm）的圆片来修补。修补前，应保证修补片和船只表面是干燥的，且无灰尘及油脂。再将船只内的气体排出，确保割破或撕破的地方平放在地上。然后在船和修补片上均匀地涂上三层薄薄的黏合剂，每涂一层间隔 5min。等涂上三层后 10～15min，再将修补片对准破损处粘贴。粘贴后再用吹风机加热使修补片黏合剂变软，最后用硬的圆棍滚压修补片处即可。注意：修补后至少 24h 才能将船只充气。另外，如需大范围的修补，如缝隙、防水壁及船尾肋板破损，建议到有资质的充气船维修中心进行维修。

第三节　船　艇　行　驶

一、橡皮艇舷外机

（一）橡皮艇动力

1. 汽油挂机

汽油挂机通常称为舷外机，因其体积小、重量轻、功率大、结构及安装简单、携带方便，在小型高速纤维增强塑料船（简称玻璃钢船）和橡皮艇上作为动力装置被广泛选用。舷外机安装在船舷之外，悬挂在尾板之上，最顶部为发动机，发动机曲轴连接立轴，最后通过横轴输出到螺旋桨。这种机器在转向时，整个发动机都随同转向装置左右摆动，由于螺旋桨直接随驱动装置转向，所以灵活性极强。其功率可为 68hp、15hp、30hp、40hp、60hp、85hp、90hp、115hp、150hp、200hp 等。按水冷发动机分为二冲程汽油机船外机和四冲程汽油机船外机。

2. 橡皮艇动力匹配

动力匹配是指不同规格的橡皮艇如何与不同动力的舷外机相匹配。外机安装以前应了解艇的设计功率，大多数艇都规定了最大允许功率和负载。舷外机马力的大小和艇的自身因素是成正比的，例如艇的尺寸、类型、载重等。中艇 CNT 系列橡皮艇是按照长度区分的，外机动力与橡皮艇的配备标准见表 5-3-1。

表 5-3-1　　　　　　　　　橡皮艇长度与橡皮艇舷外机动力的配备标准

长度/m	气室数	最大动力/hp	推荐动力/hp	地板材质
2.0（2 人橡皮艇）	3+1	3.5	2	船甲板
2.5（2～3 人橡皮艇）	3+1	5	4	船甲板
2.7（3～4 人橡皮艇）	3+1	8	6	船甲板
3.0（4～5 人橡皮艇）	3+1	10	8～10	船甲板
3.3（5～6 人橡皮艇）	3+1	18	15	船甲板
3.6（6～7 人橡皮艇）	3+1	25	15～20	船甲板
4.2（7～8 人橡皮艇）	4+1	30	25	船甲板
4.7（8～9 人橡皮艇）	5+1	40	30	船甲板

表 5-3-1 中最大动力是指不同规格橡皮艇对应舷外机的最大动力配置，出于安全考虑一般采用推荐动力。舷外机动力过大，不但不会带来预期效果，反而会造成不必要的伤害甚至危及生命安全。舷外机在超过艇的极限功率的情况下使用，会产生以下后果：

（1）高速航行时船艇会失控。

（2）尾板超负荷导致船艇的动稳性改变。

（3）艇体破裂，如在艇的封板部位产生裂缝，艇后船底板产生纵向裂纹甚至龙骨断裂）。

（二）舷外机的安装和检验

（1）将舷外机安装在船板的中心垂线上，如果为两台外机，应使其间距在 580mm 以上。发动机不能在船艉板上正确定位，将引起船的横倾，影响艇的航向稳定性，在航行时发生偏舵现象。

（2）在正常的滑行航行和使用条件下，舷外机安装高度应使其防涡凹面板位于船尾平板龙骨以下 0～25mm 之间，发动机安装高度过高将导致螺旋桨空转而降低效能，并且可能引起发动机过速，冷却水不足而导致发动机过热、损坏等故障。安装高度过低，则会增加航行阻力，降低发动机推进效率。对于特殊用途的艇，如用于载重转运物资的低速船，为避免螺旋桨产生空泡现象而造成推进效率损失，其安装高度允许防涡凹面板位于平板龙骨以下 25～50mm 之间。

（3）舷外机在艇上正确定位后，应用贯穿螺栓、夹紧螺栓（随机件）或其他等效措施将舷外机可靠地固定在艉封板上。穿孔部位应使用密封胶防止船艉板渗漏，并确认螺母上紧。舷外机磨合期结束后应重新上紧螺母，并定期检验船艉板有无渗漏，螺母是否松动。

（三）遥控装置的安装和检查

发动机遥控装置的零配件一般由发动机制造商提供，对其规格和安装要求有具体说明。

（1）应按照说明书要求，安装操舵装置及换挡控制盒。由于小艇驾驶台位置较小必须合理布置，使驾驶人员能方便地使用操纵装置。确保所有的挡杆手柄位置，控制装置、方向盘及仪表板之间都有充裕的操作空隙。

（2）操舵软轴的长度应合适，避免急剧弯曲造成软轴折断或软轴过长造成操舵阻力增加，安装时将舷外机置于中间位置，将方向盘正确定位，使左右操舵圈数近似相等。操舵软轴的输出顶杆应用耐水油脂加以润滑，并用专用的自锁型固定螺母将操舵软轴、舵机连杆和发动机正确地连接。安装完毕后应检查在舷外机转动、起翘、倾斜时舷外机的任何部分与舵机连杆之间无任何妨碍。

（3）油门及挡位控制的软轴长度适当。为避免软轴连接端折断故障，建议在油门、挡位软轴连接发动机前绕一个直径大于40cm的圈，然后与油门和挡位相连较为安全、可靠。安装后应确认遥控手柄位置与发动机化油器、挡位杆位置同步。由于软轴杆有部分空行程，初次安装使用一段时间后有可能产生不同步现象，如遥控手柄挂挡后发动机的挡位杆不能正确到位，有可能造成齿轮箱误动，甚至出现离合器因齿轮啮合不良而损坏的故障。因此，软轴安装后应重复操作或磨合期结束后重新检查和调整软轴的连接。安装完毕后，应检查发动机在所有角度下转向、起翘和倾斜时软轴的安装没有任何绷紧和急剧的折弯。

（四）燃油系统、电气系统的安装要求

（1）《内河汽油挂机船检验规则》（船规字〔1997〕161号）规定：30L以下的油箱，可为手提式，并应设置液位表、出油管、注入管、过滤网和装有透气阀的油箱盖；大于30L的汽油箱，要求汽油箱应为固定式，并应设置进油管及过滤网、制荡板、液位指示表及传感器、出油阀、透气管及防火网等附件，不允许设置任何泄漏管。所有油箱应以40kPa的压力进行压力试验，并无任何漏泄。燃油系统的每一零部件都应有足够的强度，且它们的安装应使其能承受可能遇到的冲击和振动而不会发生漏泄，其制造材料应具有抵抗所处环境腐蚀及温度影响的能力。一般橡皮艇随机配置的燃油箱容积通常为25L，基本能满足上述要求。

（2）所有的电缆应采用船用滞燃电缆或电线，且安装整齐、可靠固定，避免擦伤或机械损坏。接至舷外机的电缆束长度应合适，在发动机转向或倾斜时不应受牵制。除舷外发动机配置的电缆电路外，所有另外的附属电路均应有独立的短路保护，并独立地接线至蓄电池，所有接头应安全可靠，开关、熔断器和其他容易产生电弧的电气设备不应装在蓄电池处，蓄电池应选用外机使用手册推荐的产品，并应安全地固定在船上。

二、登船、离船

（一）登船

船艇在码头停靠时，船艇前甲板前沿为尖状，左右舷与码头对接处，会有空挡距离，

人员登船时，容易忽视脚下，出现脚部陷入其中，造成腿部受伤。船体较轻，人员登船时，容易发生摇摆，要用缆绳固定好船位，或提前用动力顶住码头，尽量使船艇稳定，为了人员的登船安全，在人员登船时，要站立在登船入口处，提醒登船人员注意登船安全。乘坐橡皮艇之前，务必要为自己穿上救生衣，出行之前了解有关的自我救助的方法和措施，登上橡皮艇的时候，按照顺序依次登陆，万万不可以拥挤和相互推拉。还有非常重要的一点，易燃易爆的产品是万万不可以带到橡皮艇上的，这样会给自身以及整个船上的其他人群带来非常大的安全隐患。

第一个到达船上（边）的人员首先要固定好船只，可采取拉紧缆绳或发动机器顶住船只，保持稳定性，其他人员进行登船，搬运物料时同此，注意要依次上下船，禁止拥挤。

（二）离船

在船只靠岸后，坐在前面的人在船只停稳后第一个下船，固定好缆绳，帮助其他人员依次下船，其他同上船注意事项一样。船准备靠岸时，船上人员依旧在座位上坐好，待船艇停稳后，再离座上岸。先上岸人员要帮扶后面的人员下船，提醒人员注意脚下安全，不要拥挤，以免互相伤害。

三、船艇行驶

（一）开船前准备

（1）在确认无人员登船时，安排好人员正确穿戴救生衣，左右舷均衡乘坐，避免重量不均，使船体稳定性下降。

（2）运送应急物资物品时尽量将其捆绑后，平均分布，以免航行中出现重心不稳，给船艇的安全带来隐患。

（3）开航前要告知乘船人员：我们的船马上就要起航，请大家在自己的座位上坐好，不要将手和身子探出舷外，请不要在船艏和船尾站立，不要聚集到船的一侧。

（二）行驶

（1）航行中要注意周边小型船艇，速度过快，形成的波浪，会给小型船艇造成很大的安全威胁。

（2）为了乘船人员的安全，严禁高速行驶中，突然变更航道及左右猛打方向，避免船艇发生翻沉及人员掉落水中，造成无可挽回的损失。

（三）会船操作

（1）船艇在交会过程中，都应适当控制船速，坚持"礼让三先"的原则，无特殊情况，各靠右让出一部分航道，以便顺利交会。

（2）在交会中如有碰撞危险时，双方都应采取措施，挽救危局。

（四）尾随行驶

（1）机动船尾随行驶，后船与前船都应保持适当距离，以防前船突然发生意外时，有充分的避让余地。

（2）后船尾随前船行驶，应加强瞭望，提高警惕，密切注意前船和前方动态，随时准备采取减速、停车、倒车和倒锚。

（3）前船在行驶中，如遇到特殊情况，必须倒车或后退时，应即时鸣放三短声，以引起后船注意。

（五）船艇调头

船艇调头必须选择河面宽阔，水深足够的平直河段进行。船艇掉头不得妨碍他船的正常航行。

急流航道，顺水调向逆水，应从主流向缓流掉头；逆水调向顺水，则应从缓流调向主流。

（六）靠岸

一般有两种靠码头方式：一种是顶靠，这时码头上一定有豁口，刚好让艇艏尖插入，快艇缓慢接近码头，靠上后，快艇挂上缆或者挂前进怠速，方便人员上下；一种是侧靠，左右侧都可靠上去，靠住后，缆绳系好，人员开始上下。在此要说明的是，快艇都是玻璃钢材质的，与码头接触时一定要轻柔，码头护舷也要有足够橡胶垫，保护码头与艇体。

四、水上行船安全知识

（一）船艇自救

船艇自救包括船艇进水防护与处理、落水自救、翻船自救等。

（1）假如是翻船落水，应保持镇定，憋住气，小心不要呛水，先将艇身扶正；重新登艇时注意两侧受力均衡，一侧人员爬上艇时另一侧要有人压住。掉落的划桨要及时拾回，否则就只能用手划水了。

（2）遇到不会游泳者落水的情况时，下沉前拼命吸一口气是极其重要的，也是能否生存的关键。往下沉时，要保持镇静，紧闭嘴唇、咬紧牙齿憋住气，不要在水中拼命挣扎，应仰起头，使身体倾斜，保持这种姿态，就可以慢慢浮上水面。浮上水面后，不要将手举出水面，要放在水面下划水，使头部保持在水面以上，以便呼吸空气。如有可能，应脱掉鞋子和重衣服，寻找漂浮物并牢牢抓住。这时，应向岸边的行人呼救，并自行有规律地划水，慢慢向岸边游动。

（3）翻船自救时，将翻船翻转的步骤如下：

1）船艇下水前须于船中央侧，固定5m长翻舟确保绳索。

2）翻舟人员（一名）。抓住绳索，快速登上翻覆舟艇，与落水人员合力将船艇翻正。

3）登舟人员（一名）。于翻覆舟艇即将翻正时，抓住船中央绳，待舟艇翻正后，该人员可第一时间进入船艇内，协助其他人返回船艇。

4）船艇其他人员。在船艇即将翻转时，在水面用船桨向上顶舟，协助使翻覆舟艇离开水面张力快速翻正，迅速上船取桨控制方向。

（二）船艇搁浅

石头密集之处，水道变窄，水深变浅，水流变急，很容易发生搁浅。此时不必慌乱，可用桨抵住石头，用力使艇身离开搁浅处。若此招不灵，就要派员下水，从旁侧或拉或推让艇身重入水流，而拉艇的人则要眼明手快，注意安全。另外，漂流过程中注意沿途的箭头及标识，它可以帮助你找到主水道，提早警觉跌水区。

（三）行船冲撞

保持平稳、避免冲撞是行船过程中须恪守的原则。实在避无可避时，要将舟身控制在正面迎撞的角度（侧面碰撞容易导致翻船），抓紧绳索。有时艇与艇之间会靠得很近，为免冲撞双方要相互配合往反方向划桨或抵开船身。

（四）落水自救

（1）不要慌张，因身穿救生衣，暂时没有危险。

（2）留意周围环境，不要让尖锐的东西戳破救生衣。

（3）使头部始终保持在水面上，保持均匀呼吸，吹口哨呼救。

（4）注意保暖。很多人不是被淹死，而是被冻死的。国际公认的最佳等待救援姿势为：双腿卷曲尽量收拢于小腹下，两肘紧贴身旁夹紧，两臂交叉抱紧在救生衣胸前，头颈部露出水面。

五、橡皮艇驾驶操作

（一）装载

橡皮艇的载重不能超过额定负荷，一般最大载重在艉板的标牌上有标示。船上装配足够数量的救生圈、救生衣等个人漂浮救生设备，船桨和维修工具应当安置在甲板上备用。船上的所有载重物应当均匀分布，确保橡皮艇在行进中保持平稳。

（二）划船操作

划船前必须考虑当地水况再决定使用舷外机还是使用手划桨，使用舷外机的动力艇可能无法在极为狭小的通道内行驶，或是在小海沟或者浅滩航行，这时需要使用手划桨操舟。

充气艇标准配置包括一套划桨、桨耳和座椅。国内橡皮艇大多装载 6～8 人实施操作，区分为艇长 1 人、掌舵手 1 人、操舟手 6 人。划船操舟前确保座椅安装正确，将划桨安放在划耳中，并使用螺帽固定。

不能把划桨当作杠杆来用，容易损坏划桨。在操舟的过程中，各队员必须平均分坐于橡皮艇的两边，当两边队员合力划桨向前挺进时，船头需朝向前进方向，为避免船身打横，两腿需将船缘夹紧，且外侧的脚要曲起，避免影响前进速度与方向。

（三）舷外机操作

操作舷外机前应仔细阅读使用说明书。不要为橡皮艇配置超过额定功率的马达，超额配置会导致严重的操作或稳定问题；不要过量充电，充电过量可导致机器运作不畅或稳性问题；定期检查马达上的螺丝，松动的螺丝可能会导致船的不稳定，也可导致舷外马达受损；使用带系绳的应急开关，这个开关能使马达停止工作。任何情况下操作者拉动系绳可以停止机器；操作者启动船艇时所有人应该坐在地板上，而不要坐在气囊两边或座椅上，以防落水；单独操作外挂发动机时，不要坐在船边或者座位上，尽量往前坐。加速不要过猛，以防落水。

（四）注意事项

不论是划船还是操作舷外机驾驶橡皮艇都要注意下列事项：

（1）由于水域应急救援的地点大多为洪涝区，所以操舟时的装备很重要，所有参加操舟活动的人，不论是否会游泳，也不管游泳技术的好坏，都必须穿救生衣和戴安全帽，以避免翻船或落水时遭水淹或碰撞受伤，且应穿着球鞋或布鞋，以免被硬物割伤。

（2）紧舟绳在任何情况下都不能移动位置，以免改变船的重心而翻船受伤。另外，对于落水翻船的应变，也应有所认识，以免意外发生时措手不及。首先，意外落水时不必惊慌，因为身上穿的救生衣会有浮力，不至于让人沉底；其次，在风浪袭来时不要急着站起来，否则很容易再度被浪冲倒产生惊恐，只需尽量保持头后脚前的仰泳姿势，等待救援。

（五）橡皮艇离岸、靠岸

1. 橡皮艇离岸

上艇前把船尾朝前进入水中，船头处于水与岸的界线上，这时登上船头，接着移身至船尾处。船尾负重后将导致船头跷起，脱离岸面，这时只要借助划桨推动力，艇身便可顺势滑入水中。在较平静的水域，这样的上艇法是一种较好的免湿技巧。

当艇完全进入水面时，在水深足够的地方便可启动舷外机以后退的方式进入更深的水域。后退离岸入水操作时，由于橡皮艇处于反方向推进，对舷外机而言，存有一定的潜在危险，高速旋转的螺旋桨正完全暴露在障碍物中，当撞及硬物时，舷外机不可能产生反弹，从而导致螺旋桨受损。因此，看清水底的情况是后退的首要任务。在无法清楚了解水底结构的情况下，以慢速推进为宜。对于一些较小型的舷外机，其机身和螺旋桨可做360°的转动，拥有这类舷外机的船主欲后退时仍可采用前进的牙挡，再把舷外机做180°的转动，而达到以前进牙挡后退的目的。这样操作需要把加油柄向内折，但在控船上并不会产生任何不便，不仅可以轻易地控制后退的方向，还可避免舷外机受到损伤。当遇上障碍物时，应立刻转入空牙档或把舷外机举起。

2. 橡皮艇靠岸

有浮动码头的靠岸并非什么难事，在有足够水深，无风浪的情况下，靠岸就是把船驶向码头停靠，操作并不复杂。这里所提到的靠岸则是把焦点放在逐渐变浅的地形上，如沙滩或是河岸等。

当艇开至逐渐变浅的水域时，为避免螺旋桨触底，一般的做法是提起舷外机而改用桨，一步步地划行前进。如果距离不远用桨划较方便，然而遇上浅水区离岸远的情况，如一些水域因水而形成的广宽浅水区或水坝等，再加上逆风向的话，划桨就变得寸步难行。这时选用较长的船桨较为实用，除了可以划行，还可以用来撑着水底推进。撑船由于直接的推动力，它更容易操控船只，推动更大的重量，且方法容易掌控。当水深处无法触底时把它当成划桨来划，虽然没有船桨灵活，但一样可以产生划力推进小船。

不要在未关闭动力的前提下将橡皮艇冲上沙滩，拖着经过碎石、沙滩地面或公路，以防止对艇身造成损害。如果船只只是暂时停留在沙滩上，应有一部分留在水里，以散发由于在日光下暴晒产生的热量。船只长时间离开水面时，应把船盖住、阻止日光直射。

人员上、下船时注意码头与船之间空挡距离；小型船艇，人员上、下时小心船艇摇摆导致失去重心落水；多人登船后注意重量平衡。

船艇靠岸有两种方式，如图5-3-1所示。一是顶靠，艇艏缓慢接近码头（岸边），船艇挂上缆绳或者挂前进怠速；二是侧靠，左右侧都可，靠住后系好缆绳，人员开始上下。

（a）侧靠   （b）顶靠

图 5-3-1　橡皮艇靠岸两种方式

六、影响橡皮艇驾驶的因素

在水域应急救援中，操纵橡皮艇航行于江河、进出港航道以及港内水域特别是浅水区域或者礁石繁多水域，橡皮艇的吃水会限制其航行能力。橡皮艇驾驶还往往会受到了风浪、能见度以及人员素质等因素的影响。下面主要介绍如何克服这些因素，合理运用橡皮艇的特点，确保人艇安全并能够圆满完成任务。

（一）风浪对橡皮艇驾驶的影响因素

由于橡皮艇重量较轻，艇身全部由气室组成，共有4个气室，艇后由木质板架起发动机。橡皮艇静止时，便处于轻微后倾状态，加上发动机马力相对较大，一启动（无论是向前还是向后推动）冲力很大，艇机将下沉，所以橡皮艇在航行中不能受较大风浪影响。另外，在浅区域或礁石繁多水域中不能使用马达而需用手划，在较大风浪情况下手划橡皮艇很难推进。因此，在决定放艇实施救援时必须要考虑到风浪对橡皮艇的影响。橡皮艇应在尽可能小的突发水域应急救援中使用。

（二）能见度对橡皮艇驾驶的影响因素

橡皮艇构造简单，附属仪器就一个简单的罗盘。手提式 GPS 导航仪和手提式 VHF 对讲机以及强光探照灯不能代替雷达的作用。在能见度不良的天气，搜救或转运人员时要特别注意，操艇速度不能太快，要根据手提式 GPS 导航仪和和罗盘的指导下进行导航，也可以通过手提式 VHF 对讲机与救助艇进行联系沟通，报告时下位置进行定位，并根据图上所标示的位置进行导航。如果进出港航道要特别注意过往的船舶，细心听声号或灯号，早做避让。必要时采取一切有效的手段提醒过往船舶。如果橡皮艇离救助艇不远，驾驶员应该拉响汽笛（在夜间，用探照灯随时跟踪橡皮艇的位置）。通常情况下，橡皮艇在港内作业驾驶员有责任通过公共频道对附近船舶报告"船舶动态"。

（三）人员素质对橡皮艇驾驶的影响因素

在设备正常，天气良好的情况下，影响橡皮艇驾驶的最主要因素就是人员素质。驾驶橡皮艇进行应急救援任务最终还是要靠艇员的自身素质，每个艇员要有良好的体能和技能水平，如操艇技术，人员操艇技术的好坏将直接影响救助的效果。操艇人员要能够根据橡皮艇特点和天气状况谨慎操艇，能够平稳地离靠船舶，能够熟练对发动机进行前进和后退操作；当进行物资转运和水上救生时，驶近目标之后，接下来靠的是艇员自身的体能素质，最起码的游泳技术、拉起一个人的自救技能、互救技能以及搬运物资的力量要足够。此外，每个艇员要有较高的安全意识，从思想上要重视工作的高危性，对安全问题不能麻痹大意。一个合格的艇员要懂得如何保障生命和财产安全，不违规操作，重视救生衣、救生圈、安全绳等救生设备的佩戴等。

第四节　船艇应急物资搬运

一、基本要求

（一）水上应急救援物资搬运的必要性

当洪涝、泥石流等自然灾害来临时，巨大的破坏力致使山体滑坡、道路中断、城市积水、电力设施损毁等，使人民群众的生命财产安全遭受巨大损失。及时、有效地在灾区开展救援，恢复供电等应急措施对于挽回人民群众的生命财产，减少灾区的损失有着重要意义。

雨水洪涝灾害的特点以及对城市、道路交通所带来的破坏决定了大部分受灾区域的应急物资转运需要在水上进行。由于救援的紧迫性，要在最短的时间内将抢修工具救灾物资和人员送达灾区实施救助。这时，运输工具的选择直接决定了救援的效率。目前，橡皮艇作为水上应急救援工具在我国已被广泛使用，优越的性能使其在水域应急救援，水上人员、物资转运中发挥了不可替代的作用。

（二）水上应急救援物资搬运过程的注意事项

水亦载舟亦能覆舟，面对抢险过程，稍不加留意，随时都有翻舟的可能。在船艇物资搬运过程中需要注意以下事项：

1. 船艇载重

船艇浮于水面靠的是水的浮力，其受载有一定的限度，如果超过了限度，船行时就会有沉没的危险，所以乘船时人员、物资不要超载。

2. 物资搬运

搬运前要检查船只，必须稳固；搬运方式大多用人力，较大物件采用机械设备；物资搬运先大件、后小件，尽量做到轻装轻放、不损坏货物；尖锐物资要防止伤人和船艇措施。

3. 物资平衡与固定

抢修施工材料应放置在船舱中，不得放在船头或易于掉落水中的位置，易碎物品应采取防碎措施加以保护，大型物品应固定。

安全工器具可采取以下方法进行储存、运输，做好防潮、防落水措施：

（1）定制小型工器具柜，防止在抢修过程中遇到下雨等天气时工器具淋湿受潮。

（2）对绝缘手套、绝缘靴、绝缘操作杆应使用特制的户外防水密封袋进行放置，确保在下雨天气及落水期间干燥绝缘。

4. 物资防护

抢险用安全工器具、开关设备等有极高的绝缘性能，在搬运和行船过程中，防止物资沾水、落水显得尤为重要。防水措施如下：大型物资可放置在隔板上，用塑料防水布将物资包裹；小型物资可使用防水袋、带密封的方形透明周转箱或专用的防护用具。

二、水上应急物资搬运的步骤和注意事项

（一）水上应急物资搬运的步骤

水上物资转运的流程为：设计航线→搭建码头→物资堆放→装载→水上物资运输→卸载。

1. 规划好水上航行路线

在转运物资之前，首要考虑的问题是水上航行线路的选择和规划。查阅、分析当地水系图，并与当地有关部门取得联系，及时了解掌握灾区水域实际情况。然后根据实际情况找到最安全、最优化的运输线路，并设计出水上航线图。

2. 迅速搭建浮动码头

在没有码头可用的情况下，在物资装船、卸货的合适水域的岸边进行浮动码头搭建，争取在最短的时间内搭建适合橡皮艇停靠并能够承载相应人员、物资的浮动码头。

3. 码头物资堆放

在浮动码头搭建完毕后，应利用陆上交通工具迅速将救援物资运往码头，并卸载转移至码头堆放。码头的物资要进行分区、分类堆放，并挂牌标明品名、规格、数量等。露天存放的物资要"上盖下垫"。由于浮动码头是漂浮在水面上的，装载时会上浮、下沉，甚至摇晃，因此在堆放物资时，人员在转移至码头和岸的交界处以及在码头上行走时，应特别注意，防止人员因重心不稳落入水中。

4. 橡皮艇物资装载

在浮动码头上往橡皮艇上搬运物资，说来简单，其实很不容易。由于橡皮艇和浮动码头均处于动态漂浮状态，因此要将物资搬运上船难于将岸上物资搬运上浮动码头。为防止船只和码头的上浮下沉现象致使人员在搬运移动时落入水中，这一流程要统一指挥，分工协作。

5. 水上物资运输

驾驶人员须严格按照设计出的航线图纸操作，按照预设线路驾驶橡皮艇快速驶向目的地。驾驶人员在驾驶时应保持警惕，匀速行驶。时刻留意风浪、能见度等因素对橡皮艇驾驶的影响，遇到暗礁、乱石滩、沙洲、浅滩等水域时须尽量避免，小心通行。严格按照橡皮艇使用安全须知操作，在橡皮艇出现异常时，迅速采取应对措施。

6. 橡皮艇物资卸载

橡皮艇驶达目的码头停靠时，先派一人登上码头系好系船栓，接下来参照橡皮艇装载时需要注意的事项，统一指挥分工协作，按顺序将物资卸载至码头分类堆放。

（二）水上应急物资搬运的注意事项

（1）由于橡皮艇艇身面积较小，还应对船上人员座位和物质堆放进行合理规划。

（2）橡皮艇的载重不能超过额定负荷，装载物资前应对船上配备人员及物资重量进行严格计算，绝对不能超载。船艇浮于水面靠的是水的浮力，其受载有一定的限度，如果超

过了限度，船行时就会有沉没的危险，所以乘船时人员、物资不要超载。

（3）摆放物资的顺序要按照上轻下重的原则，注意轻拿轻放，硬、尖锐以及有不规则外部轮廓的物资应理顺并用软包装裹住保护，同时避免物资与物资之间，物资与船体之间接触、碰撞。

（4）船上的所有载重物应当均匀分布，确保橡皮艇在行进中保持平稳。抢险施工材料应放置在船舱中，不得放在船头或易于掉落水中的位置，易碎物品应采取防碎措施保护，大型物品应固定。

（5）物资防护。抢险用安全工器具、开关设备在搬运和行船过程，要防止物资沾水、落水。大型物资可放置在隔板上，用塑料防水布将物资包裹；小型物资可使用防水袋、带密封的方形透明周转箱或专用的防护用具，如图5-4-1所示。

图5-4-1　水上应急物资搬运时的物资防护

（6）物资的装卸、搬运和堆放，要有序进行，轻起轻放，严禁野蛮装卸和三违，确保人员、设备及物资安全。

三、拖舟、推舟行进

（一）拖舟、推舟的条件

出现无备用油、螺旋桨损坏、无划桨（竹篙）或损坏的情形，以及在浅水区或为了跨越障碍物时，需要前面有人拖舟，后面有人推舟，如图5-4-2所示。

图5-4-2　拖舟行进

（二）拖舟、推舟的安全注意事项

（1）头盔、救生衣等安全防护要齐全。

（2）水下温度低，拖舟人员应采取保温防寒措施。

（3）必须有勘探水位深浅的测量杆。

（4）不要在船的正前方拖舟，多人拖舟要分布在两侧，如图 5 - 4 - 2 所示。

（5）注意拖舟速度，匀速行进。

（6）拖舟过程注意力集中，及时观察高空落物、水位变化、水下涡流等危险。

复 习 思 考 题

1. 为什么在洪涝灾害水域要搭建浮动码头？浮动码头有什么特点？

2. 浮动码头有哪些部件组成？其承载力如何？

3. 设计浮动码头应满足哪些要求？搭建浮动码头的作业程序是怎样的？

4. 冲锋舟分为几种类型？为什么洪涝灾害抢险现场多使用橡皮艇？橡皮艇有什么特点？

5. 使用橡皮艇的一般程序是什么？

6. 冲锋舟水上训练的安全措施是什么？冲锋舟水上训练的注意事项有哪些？

7. 担任水上救援任务的救援人员应遵守哪些安全事项？

8. 为什么夜间水上航行应准备夜间行船灯？

9. 在洪涝灾害公用通信设施故障情况下你会采用什么通信方式和指挥部联络？

10. 洪涝灾害下应为救护人员采取哪些个人安全防护措施？

11. 救生衣的作用是什么？有哪些类型？

12. 救生衣使用方法和使用注意事项有哪些？

13. 在无旁人的情况下你如何自救？

14. 橡皮艇应如何组装才能使用？不使用的橡皮艇如何拆卸？

15. 长期不用的橡皮艇应如何清洗和储存？

16. 橡皮艇出现气囊故障时应如何应对？

17. 怎样修补橡皮艇破裂的小洞或裂纹？

18. 当橡皮艇出现故障需要船只牵引时应做好哪些工作？

19. 当橡皮艇在不熟悉水域航行时应如何应对？

20. 橡皮艇的动力是靠什么提供的？怎样根据橡皮艇的大小为其选择匹配的动力？

21. 怎样正确安装舷外机？安装好后应进行哪些检验？

22. 怎样安装舷外机的遥控装置？安装好后应进行哪些检查？

23. 对舷外机的燃油系统和电气系统的安装应注意哪些事项？

24. 人员登船和离船时应注意哪些事项？

25. 船艇开船前应做好哪些准备工作？

26. 水面航行中应怎样会船和调头？机动船尾随航行应注意哪些事项？

27. 船艇怎样靠岸？应注意哪些事项？

28. 船艇自救包括哪些方面？

29. 如何处理船艇搁浅和冲撞事件？

30. 影响橡皮艇驾驶操作的因素有哪些？

31. 为什么洪涝灾害区域还要用船艇运输紧急救援物资？

32. 紧急救援物资水上搬运的步骤和注意事项有哪些？

33. 在没有动力的情况下如何拖舟行进？

第六章

配电抢修技能

第一节 登 杆 操 作

一、从船上脚扣登杆

1. 船上登杆措施

在船上进行登杆时，如船头靠近电杆，应用缆绳把船头固定在电杆上，要固定牢固，防止人员在登杆时船只偏离，另外两名工作人员在船的两侧用篙固定船只（篙要插入水下泥中便于固定）。若船舷靠近电杆，应用缆绳把船舷固定在电杆上，要固定牢固，防止人员在登杆时船只偏离，另两名工作人员在另一侧船舷的前后两端用篙固定船只（篙要插入水下泥土中便于固定）。待船身稳定后，登杆人员方可登杆作业，如图6-1-1所示。

（a）船头靠近电杆用缆绳把船头
固定在电杆上

（b）两名工作人员在船的两侧用篙固定船只

（c）若船舷靠近电杆应用缆绳
把船舷固定在电杆上

（d）另两名工作人员在另一侧
船舷的前后两端用篙固定船只

（e）另两名工作人员在另一侧
船舷的前后两端用篙固定船只

图6-1-1 从船上登上电杆前的准备工作

2. 船上登杆操作步骤

（1）先把一只脚扣卡在电杆上，收紧脚扣按压卡牢固。

（2）一只脚登入已卡牢固的脚扣，携带另一只脚扣，快速离船。

（3）快速把围杆带围系在电杆上。

（4）再登入另一只脚扣，卡在电杆上，如图6-1-2所示。

（a）步骤一

（b）步骤二

（c）步骤三

（d）步骤四

图6-1-2 从船上用脚扣登杆

二、从船上梯子脚扣登杆

当电杆外围有障碍物，船只不能紧贴电杆时，船只与电杆的距离在3m以内时可用双梯搭接法登杆。船上作业人员用4～6根竹篙稳定船身，另两名人员在一架梯子（A梯）上端横撑上栓系一根绳（以备回收梯子时使用），把梯子下端斜插入水中，插入点位于船舷距电杆的中间位置。用另一架梯子（B梯）的上端顶靠水中梯子的上端，把水中梯子推送至电杆上，把 B 梯平搭在船舷和 A 梯之间。一人扶牢 B 梯，登杆人员携脚口俯身爬过 B 梯，登上 A 梯，系好围杆带，两只脚依次登入脚口登杆，如图 6-1-3 所示。

（a）步骤一

（b）步骤二

（c）步骤三

（d）步骤四

（e）步骤五

（f）步骤六

图 6-1-3（一）　从船上用双梯搭接法登杆

（g）步骤七　　　　　　　　　　　　　　　　（h）步骤八

图 6-1-3（二）　从船上用双梯搭接法登杆

三、涉水登杆

在船只无法到达电杆旁时，需要涉水进行前往登杆，如图 6-1-4 所示。

（1）浅水区（0.5m 以下）。工作人员可以穿上绝缘鞋、工作服涉水到电杆旁进行登杆，注意湿鞋防滑。

（2）深水区（0.5～1m）。工作人员在到达电杆旁，因水位较深，不便于登杆，因此需要携带梯子或其他可以超出水面的工具协助进行出水面后登杆。

四、物品传递

物品传递需两人配合完成，要控制传递绳角度，防止物料落水，如图 6-1-5 所示。

图 6-1-4　涉水到电杆前　　　　　　　　　图 6-1-5　杆上杆下物品传递

（1）作业人员登杆后，船只应离开杆上作业人员工作区域范围，防止高空落物或作业人员意外跌落。

（2）上下传递物品时，传递绳分为上下起吊部分和侧向牵引部分，传递绳一端固定在电杆的牢固构件上，斜拉至船上。

（3）向上传递物品时，在船上拴牢需传递的物品，杆上人员稍收紧传递绳，船上人员缓缓松绳，使悬吊的物品位于杆上作业人员的正下方，杆上作业人员方可起吊物品。向下传递物品时，顺序相反。

五、开关操作

临时抢修使用小型船只较多，停、送电时禁止在船上搭接靠近配电台区的梯子，预防船艇晃动、偏离时造成工作人员跌摔危险。

工作人员在操作双柱式配电台区停送电时，一是可以把船只以"丁"字形靠在变压器台架中间，工作人员可以站在船中间进行操作。注意除操作人员外，其他人员严禁站立，防止船只晃动。

特殊情况下，船只需要与变压器台架平行停靠时，操作人员应站立在船的中间，其他人员应平均分配在船的两侧坐稳。两人进行操作时，工作人员站在船中间，另一名工作人员也应蹲在船中间，保持稳定性，如图 6-1-6 所示。

如船艇固定不稳，操作人员应站立在中间偏靠操作方（内侧），另一工作人员应在另一侧在船的外侧用竹篙固定船只（篙要插入水下泥中便于固定），如图 6-1-7 和 图 6-1-8 所示。

图 6-1-6 电力工人站在船上
用绝缘杆操作

图 6-1-7 使用竹篙稳固船只
（防止操作过程船只晃动）

图 6-1-8 操作做到稳、准
（防止熔丝管跌落水中）

六、实训场演练水中脚扣登杆技能

1. 从船上直接脚扣登杆

（1）船头或船舷靠近电杆时，采用三点法稳固。登杆前用缆绳将船头或船舷固定在电杆上，辅助人员在船的两侧或单侧用竹篙固定船只，防止作业人员登杆时船只偏离，如图6-1-9所示。

（a）缆绳将船头固定在电杆上　　　　　　　（b）船的两侧或单侧用竹篙固定船只

图6-1-9　橡皮艇靠近水中检修电杆

（2）作业人员使用脚扣离船后，系好围杆带。先把一只脚扣卡在电杆上，收紧脚扣并按压卡牢固；一只脚登入已卡牢固的脚扣，携带另一只脚扣迅速离船；快速把围杆带围系在电杆上，再登入另一只脚扣，牢固地卡在电杆上方可继续登杆，如图6-1-10所示。

（a）先把一只脚扣卡在电杆上　　　　（b）快速把围杆带围系在电杆上后
再登入另一只脚扣

图6-1-10　作业人员使用脚扣离船后系好围杆带

（3）登杆过程控制脚扣松紧度，防止落入水中。登杆过程中每一脚都要控制好脚扣松紧度，防止脚扣落入水中，如图6-1-11所示。

（a）动作一 （b）动作二

图 6-1-11 登杆过程控制脚扣松紧度防止落入水中

2. 梯子登杆

当电杆外围有障碍物，船只不能紧贴电杆时，船只与电杆的距离在 3m 以内时可用双梯搭接法登杆。船上作业人员用 3～6 根竹篙稳定船身。

（1）船头或船舷靠近电杆采用三点法稳固，如图 6-1-12 所示。登杆前辅助人员在船首、船尾、船舷使用竹篙稳固船只，防止作业过程船只偏离。

（2）用绳子拴住梯子横档，下放梯子至电杆侧，如图 6-1-13 所示。用绳子拴牢梯阶，根据水深和梯子与电杆的角度合理选择拴系位置，把梯子下端斜插入水中，插入点位于船舷距电杆的中间位置。

图 6-1-12 三点法稳固船身

图 6-1-13 用绳子拴住梯子横档、
下放梯子至电杆侧

（3）将另一个梯子搭在梯子横档和船舷之间，登杆人员横渡至电杆侧，如图 6-1-14 所示。用梯子的上端顶靠水中梯子的梯阶，另一侧至于船舷，横梯两端固定点要预留一定长度，防止滑脱落入水中；待船和梯子稳定后，作业人员携带登杆用具俯身横渡至电杆侧。

（a）在梯阶和船舷上再横搭一个梯子 　　　　（b）登杆人员横渡至电杆侧

图 6－1－14　搭梯横渡

（4）作业人员系好围杆带后登杆，如图 6－1－15（a）所示，在调整好脚扣后即可登杆，如图 6－1－15（b）所示。登杆过程要随时调整脚扣，以防脚扣滑脱落水。

（a）作业人员系好围杆带后准备登杆 　　　　（b）作业人员调整好脚扣后开始登杆

图 6－1－15　脚扣登杆

第二节　水中钢筋混凝土电杆扶正

一、水中扶正电杆技术措施

受洪灾影响，10kV 架空配电线路电杆经常被浸泡在水中，其中部分电杆会出现倾斜。因此，需要将浸泡在水中的电杆进行扶正作业，电杆全部扶正、稳固杆基后，才能登杆接续导线，完成受灾线路恢复供电工作。图 6－2－1 所示为整条 10kV 线路电杆出现不同程度的倾斜，图 6－2－2 所示为电力工人采取措施一边顶一边拽将电杆扶正。

图 6-2-1 电杆出现不同程度的倾斜

图 6-2-2 采取一边顶一边拽将电杆扶正

电杆在水中浸泡最深处可达 1.6m，抢修人员需蹚中水进入维修区段，用人力进行牵引，并对电杆根部灌沙袋加固，进行扶正。可使用螺旋地锚扶正电杆，如图 6-2-3 所示。

图 6-2-3 使用螺旋地锚扶正电杆

图 6-2-4 和图 6-2-5 所示为抢修人员将抢修工具和抢修物资搬上小船，然后驶向被检修电杆处。

图 6-2-4 运送抢修工具和物资上船

图 6-2-5 运送抢修工具和物资小船
驶向目标

二、事故抢修暴雨冲歪电杆案例

2019 年第 9 号台风"利奇马",于 8 月 11 日在山东省青岛市黄岛区登陆,一路北上。受台风"利奇马"影响,东营市广饶县大王庄附近一根电线杆在暴雨中被冲倒。经过广饶县供电公司紧张抢修,12 日上午 12 时已全部恢复供电。

12 日上午 9 时,电力抢修人员沿着村道驶入大王庄村。泥泞的路面告诉他们,这里之前曾经被河水淹没,沿路两边的水稻田也是一片汪洋。来到大王庄,这里到处都留下了台风肆虐的痕迹。故障点附近有大片树林被冲垮,连根拔起的树木绕在电杆底部。

而最大的隐患就是一根原本矗立在河边树林里的高压电线杆。由于河水湍急,电杆基础随树林被冲散,导致电杆与地面呈 45°角倾斜,所幸受拉线和导线的牵引,没有造成倒杆事故,但对附近村民的用电构成严重威胁。如果不及时处理的话,电力无法恢复,电杆也随时会倒下,如果压到其他线路,后果不堪设想。

村民王洪全家的大门就正对这个电线杆。他告诉电力抢修人员,昨天晚上 8 时左右,河水翻过两三米高的河堤,直冲他家门口的晒谷场。这时,他在家里听到"轰"的一声,拿着电筒跑出来一照才发现,家门口一大片树林被冲没了,整条河道被冲得就像改了道。

电力抢修人员在经过详细查看之后,决定先用钢索从电线杆顶部往下套,把电线杆拉直。因为电线杆已经倾斜了,人爬不上去,抢修人员打电话叫来了吊臂车。此时,天依然下着大雨,湍急的河水、湿滑的电线杆给电力工人的抢修工作带来了极大的困难。

随着一只巨型吊臂的缓缓升起,电力工人李强被升至了十几米高的电线杆处。"再往左一点,不行,够不到。"站在高空的李强扯着嗓子向下喊道。

十几分钟过去了,钢索依然够不到电线杆。"啊,小心。"就在钢索刚刚碰到电杆时,电杆突然摇摇欲坠,朝李强站立的方向倾斜,随时都有倒塌的可能。这一幕让所有在场的村民的心都吊到了嗓子眼。

"这个方案不行,我们试试从电杆底部往上套钢索。"底下,电力工人王明朝李强喊道。为了快速恢复供电,李强和王明二话不说跳入湍急的水流中,黄色的河水早已没过王明那双及膝的雨鞋。

11 时 30 分,在抢修现场,王明麻利地把钢索套上电杆,按上卡绳器,拉紧钢索,随之电杆慢慢地被扶正。

三、水中扶正电杆新工艺

为满足配电线路应急救援的需求,国网山东省电力公司应急管理中心培训教官研究出了一种水中扶正电杆的新工艺,采用图 6-2-6(a)所示的螺旋地锚,在螺旋地锚用于洪涝灾害抢险电杆扶正或临时锚点固定,图 6-2-6(b)所示为螺旋地锚使用方法。使用时在电杆倾斜反方向定位地锚点,两人将地锚垂直扶正,一人使用木、铁材质棍棒插入心形环内,顺时针转动将地锚旋入水下土质,逆时针转动地锚将被旋出,可重复利用。

（a）螺旋地锚实物

（b）螺旋地锚使用方法

图 6-2-6　螺旋地锚

第三节　横　渡　技　术

一、横渡技术的适用场合

随着经济社会的飞速发展，各类偏远山区也在电力系统输电范围之内。施工人员无法避免接触到大山大河，特别是狭小的山谷。当大河阻挡去路或者有人员被困河流之中时，就会用到水上横渡技术。

二、救援的准备

1. 选择支点

利用地形地物作支点，例如大树（切忌枯树）、岩石等，如果一个支点不结实，可采取分散流动法，利用多个地形地物制作固定点。

2. 架设主绳

利用救生抛投器发射引导绳至对岸，可派救援队员通过从上游狭小处绕过的办法到达对岸，在对岸制作固定支点，一端利用倍力系统拉紧主绳。为确保安全，主绳采用双股架设时，紧绳一端的支点采用双均匀伸展倍力系统，同时拉紧两根主绳。

三、救援的实施

（1）伸展系统救援。主绳保持紧绳状态不动，利用绳索动滑轮制作伸展系统，提升救援队员和被困者。

（2）"V"字形救援。根据具体情况，也可以不通过伸展系统来提升救援队员和被困者，而在左、右支点位置，通过倍力系统拉紧或者放松主绳，使主绳变为"V"字形，从而达到救援的目的。

以上两种水上横渡救援技术都需要队员的密切配合，从而达到救援的目的。灵活运用手上现有的装备和应对现场各种情况是每个队员的必修课。

复 习 思 考 题

1. 需要登上浸泡在洪涝水域的电杆时可采取哪些方法？

2. 船只可以紧靠电杆的船上脚扣登杆方法的准备工作和登杆步骤是怎样的？

3. 船只不能靠近电杆利用梯子搭在电杆上的脚扣登杆方法准备工作和登杆步骤是怎样的？

4. 涉水登杆的准备工作和登杆步骤是怎样的？应注意哪些事项？

5. 如何从船上向电杆上的作业人员传送器材？

6. 如何在水中对泡在水中的变台进行开关操作？

7. 怎样用螺旋锚将水中钢筋混凝土电杆扶正？

8. 如何救助孤岛被困人员？

第三篇

配电线路杆塔高空应急救援

　　架空配电线路一般由杆塔、横担、导线、绝缘子、金具和拉线等组成。配电线路的安装施工、运维检修等工作都需要作业人员上下杆塔，在杆塔、台架、导线上进行高空作业。配电线路作业具有高空作业量大、环境复杂多变、手工操作多、劳动强度大、危险程度高、救援难度大等特点。

　　本篇针对 10kV 及以下电压等级的配电线路作业过程中发生的触电、电弧烧伤、机械损伤、昏厥（中暑）等事件，从组织措施、安全技术、个人防护、应激反应四方面提出了防范措施建议。

第七章

高空伤害救援基础知识

第一节 高空伤害事故案例分析

　　配电线路高空作业是电网企业普遍采用的作业形式，因此一方面电网企业要加强对员工的安全培训，提高现场作业人员杜绝违章作业的意识，同时要完善作业现场的安全防范措施，如高空作业全程不得失去安全带保护等。另一方面，电网企业员工需要具有配电线路高空应急救援技术和能力，能够在第一时间快速地使高空伤员脱困，避免事故扩大或造成被困人员二次伤害事件的发生。

一、事故案例

（一）触电伤害

　　2016年9月14日，某供电公司供电所进行配电变压器安装施工，在基本完成配电变压器台架安装任务时，工作负责人安排两名工作人员准备送电事宜，并约定电话联系后再送电。此后，工作负责人在工作未全部完成的情况下，拆除了施工地点两侧的接地线。负责送电的两名工作人员看到接地线已拆除，误以为工作完毕，约10min后用手机与工作负责人联系送电事宜，但无人接听，便合闸送电。此时，还有两名工作人员在配电变压器台架上安装引线，其中一名工作人员用左手去拉开A相熔断器，准备接A相引线时发生触电。

（二）电弧烧伤

　　2015年9月22日8时30分，某供电公司营业班在A台区杆上更换电能表，作业过程中AB相短路，引发电弧光将李某烧伤。造成作业人员面部发红、左手背烧成黑红。

（三）机械损伤

　　2015年7月11日，某供电公司供电所对10kV线路进行升级改造工作，因天气炎热，工作人员在杆上作业时摘掉安全帽，在杆上移位时，头部误碰横担，造成额头划伤大量出血。

　　2014年3月27日，某供电公司供电所进行10kV多层线路改造工作，上层作业人员将断线钳浮置在横担平面上，由于杆身晃动断线钳滑落，砸在下层作业人员肩部，造成锁骨骨折。

（四）昏厥（中暑）

　　2016年7月29日上午9时，位于南通市某村附近的电线杆上发生惊险一幕。一位电力工作人员在高空持续作业后突然中暑，浑身无力地趴在电线杆的顶端，情况十分危急。消防部门接到报警后，立即出动抢险车及云梯车赶赴现场处置。

二、事故案例分析

（一）违反《国家电网公司电力安全工作规程》（配电部分）

　　因为原事故通报中对事故原因已有定性和结论，在此，仅从主要技术措施方面进行分析。

1. 保证安全的组织措施

第 3.4.11 条：禁止约时停、送电。

2. 配电设备工作

第 7.4.2 条：电源侧不停电更换电能表时，直接接入的电能表应将出线负荷断开；经电流互感器接入的电能表应将电流互感器二次侧短路后进行。

第 7.4.1 条：工作时，应有防止电流互感器二次侧开路、电压互感器二次侧短路和防止相间短路、相对地短路、电弧灼伤的措施。

3. 配电作业基本条件

第 2.1.6 条：进入作业现场应正确佩戴安全帽，现场作业人员还应穿全棉长袖工作服、绝缘鞋。

第 6.2.3 条：杆塔上下无法避免垂直交叉作业时，应做好防落物伤人的措施，作业时要相互照应，密切配合。

第 17.1.5 条：高空作业应使用工具袋，较大的工具应用绳拴在牢固的构件上。

4. 高空作业

第 17.1.8 条：低温或高温环境下的高空作业，应采取保暖或防暑降温措施，作业时间不宜过长。

（二）缺乏救援知识

（1）事故发生后，监护人员或工作班成员没有进行专业配电高空伤害救援知识和技能的学习，没有在事故现场第一时间救援，延误了救援时间。在事故突发现场表现慌张，不知道怎么救护，现场看到伤员触电、大面积烧伤、大量出血、骨折、疼痛的惨叫声等可怕场景时，出现胆怯、逃避等反应。

（2）事故现场没有配备专业救援装备、急救包等，监护人员或作业班成员不能利用现场工器具制作救护用具，展开救援。

第二节 高空伤害防范措施

一、组织措施

（一）身体条件

（1）凡参加高空作业的人员，应每年进行一次体检，并经医师鉴定，无妨碍工作的病症。

（2）作业前，工作负责人（监护人）应检查高空作业人员身体状况和情绪、精神状态正常后，方可安排高空作业。

（3）高空作业人员如有身体、情绪或精神不适，应主动报告工作负责人。

（二）个人防护用品

作业前，工作负责人（监护人）应检查高空作业人员是否携带足够的劳动防护用品和安全工器具，并监督其正确使用。

（三）禁止作业的气象条件

在五级及以上的大风以及暴雨、雷电、冰雹、大雾、沙尘暴等恶劣天气下，或线路杆塔上有覆冰或积雪时，禁止安排配电线路高空作业，停止正在进行的高空作业，安排作业人员从就近杆塔下到地面安全区域。

（四）管理措施

严禁违章指挥和强令工人冒险作业，在发现直接危及人身、电网和设备安全的紧急情况时，有权停止作业或者在采取可能的紧急措施后撤离作业场所，并立即报告。

（五）安全措施

（1）低温或高温环境下进行高空作业，应采取保暖或防暑降温措施，作业时间不宜过长。

（2）进行电力线路施工检修作业时，工作票签发人或工作负责人认为有必要进行现场勘察的，施工、检修单位应根据工作任务组织现场勘察，并填写现场勘查记录。工作前，应核对、确认现场勘察记录与现场实际情况相符合，方可开始作业。

（3）作业过程中，工作负责人（监护人）应时刻监督高空作业人员遵守安全规程制度及现场安全措施，及时纠正其不安全行为。

（4）工作负责人（监护人）应与高空作业人员做好作业过程的互唱复诵，保持信息通信畅通，随时注意高空作业人员的精神状态，发现不适和异常时，及时进行人员调整。

二、技术措施

（一）通用要求

在作业前及作业过程中，应开展以下检查，确认合格后，方可进行下一步工作：

（1）高空作业人员在移位和作业时，应抓牢踩稳，并随时检查安全带和后备保护绳扣环是否扣好，不得失去安全保护。安全带的挂钩或绳子应挂在结实牢固的构件上，或专为挂安全带的钢丝绳上，并应采用高挂低用的方式，禁止系挂在移动、不牢固、锋利的物件上。

（2）攀登杆塔前，应先检查杆塔的根部、基础和拉线是否牢固，脚钉（或爬梯）是否完整；新立杆塔在塔基未完全稳固前，禁止攀登。

（3）作业前，须对施工机具（工器具）、安全工器具进行检查，其试验合格标签应齐备、有效；禁止使用损坏、变形、有缺陷的施工机具（工器具）和安全工器具。

（4）梯子应坚固完整，有防滑措施。梯子的支柱应能承受作业人员及所携带的工具、材料攀登时的总重量，硬质梯子的横挡应嵌在支柱上，梯阶的距离不应大于 40cm，并在距梯顶 1m 处设限高标志。梯子不宜绑接使用。在杆塔上水平使用梯子时，应使用特制的专用梯子。工作前应将梯子两端与固定物可靠连接，一般应由一人在梯子上工作。水平使用普通梯子应经过验算、检查合格。

（5）带电作业工具应绝缘良好、连接牢固、转动灵活，并按厂家使用说明书、现场操作规程正确使用。

（二）杆塔作业

1. 杆塔作业禁止事项

（1）攀登杆基未完全牢固或未做好临时拉线的新立杆塔。

（2）携带器材登杆或在杆塔上移位。

（3）利用绳索、拉线上下杆塔或顺杆下滑。

2．杆塔上作业注意事项

（1）作业人员攀登杆塔、杆塔上移位及杆塔上作业时，手扶的构件应牢固，不得失去安全保护，并有防止安全带从杆顶脱出或被锋利物损坏的措施。

（2）在杆塔上作业时，宜使用有后备保护绳或速差自锁器的双控背带式安全带，安全带和保护绳应分别挂在杆塔不同部位的牢固构件上。

（3）上横担前，应检查横担腐蚀情况、联结是否牢固，检查时安全带（绳）应系在主杆或牢固的构件上。

（4）在人员密集或有人员通过的地段进行杆塔上作业时，作业点下方应按坠落半径设围栏或其他保护措施。

（5）杆塔上下无法避免垂直交叉作业时，应做好防落物伤人的措施，作业时要相互照应，密切配合。

（6）杆塔上作业时不得从事与工作无关的活动。

（7）在带电杆塔上作业时，安全距离应符合《国家电网公司电力安全工作规程》（配电部分）规定的邻近带电导线工作的有关要求。

（三）柱上变压器台架作业

（1）柱上变压器台架作业前，应检查确认台架与杆塔联结牢固、接地体完好。

（2）柱上变压器台架作业时，应先断开低压侧的空气开关、刀开关，再断开变压器台架的高压线路的隔离开关（刀闸）或跌落式熔断器，高低压侧验电、接地后，方可工作。若变压器的低压侧无法装设接地线，应采用绝缘遮蔽措施。

（3）柱上变压器台架作业时，人体与高压线路和跌落式熔断器上部带电部分应保持安全距离。不宜在跌落式熔断器下部新装、调换引线；若必须进行，应采用绝缘罩将跌落式熔断器上部隔离，并设专人监护。

三、个人防护措施

（1）高空作业人员应正确佩戴安全帽。

（2）高空作业人员应使用有后备保护绳或速差自锁器的双控背带式全方位安全带。当后备保护绳超过 3m 时，应使用缓冲器。

（3）低温或高温环境下进行高空作业，应采取保暖或防暑降温措施。

（4）高空作业人员应穿全棉长袖工作服、软底胶钉鞋。

（5）带电作业应严格遵守带电作业相关规定。

（6）作业人员有权拒绝违章指挥及强令冒险作业。

第三节　高空伤害心理救援

一、高空伤害事故救援的目的和难点

1．高空伤害事故救援的目的

架空配电线路高空作业是电力系统中一项非常重要的工作。高空伤害救援的目的就是在万一发生事故时，救援人员能以最快的速度、最短的时间、最小的损失，迅速展开救援，保护伤员生命，使伤员快速脱困。

2. 高空伤害事故救援的难点

事故救援工作的重要性是不言而喻的，可是在事故救援中常常会出现意外的情况。一些很有经验的救援人员临场表现失常，技术水平不能很好地发挥；事故救援的指挥组织不力，考虑不全面，指挥不当，救援人员不能很好地执行研究和制定的救援方案，救援中不断出现失误；救援人员配合不好，各行其是，一些本来可以控制在一般范围内的事故，由于救援不力，使事故升级、扩大。

造成这些现象的主要原因，除了救援装备、技术等客观因素外，救援人员的心理负荷过重、机能失调也是一个不可忽视的重要原因。

二、高空伤害事故救援的特点

当发生触电、电弧灼伤、机械损伤、昏厥（中暑）事故时，救援人员往往会产生种种难以承受的心理负荷，这种心理压力给救援带来一定的消极作用。通过对有关资料的分析研究，发现在事故救援中，救援人员的心理负荷来自以下几个方面。

1. 发生事故的突然性容易使救援人员产生应激情绪

发生事故的突然性是增加救援人员心理负荷的主要原因。配网高空伤害事故的发生一般都是出乎人们意料之外的，有其突然性。当救援人员突然遇到发生事故的紧急情况时，心理毫无思想准备，情绪瞬间发生变化，处于应激状态。在这种情况下，人的思维容易出现混乱，对事物的分析、判断能力减弱，个体行为发生紊乱，有的人会惊慌失措，语无伦次，作出不适当的反应，有的人会呆若木鸡，肌肉紧张，活动受到抑制。

2. 事故的严重性、复杂性使救援人员心理负荷增加

事故的严重性、复杂性往往超过人的心理承受阈限值，使救援人员心理负荷增加。发生事故后，救援人员往往都是从好处着想，总想把它控制在阈限值以内。心理学上说的阈限值是指在承受刺激而又不出现异常变化的最高界限值。对于事故来说，阈限值就是事故的性质、损失和破坏性的最大允许值。如果事故的性质、损失程度较轻，阈限值则较低，这样就不致使救援人员心理上产生"异常反应"，增大心理负荷。但是，如果发生的事故非常严重，超过人们的感觉阈限值，那么救援人员心理上则会出现"异常反应"，心理负荷随之增大。

3. 事故救援的紧迫性、突击性容易使救援人员心理压力加大

配网高空伤害中把"救援时间"作为衡量事故严重程度的重要标准，这就决定了事故救援工作具有很强的时间性、紧迫性和突击性。事故发生后，如何以最快的速度进行事故救援，以及由此而带来的种种困难和复杂的问题都会突然间出现在救援人员面前，逼着他们迅速作出处理决定。这种时间上的紧迫性容易给救援人员带来心理上的急骤变化，心理压力增强。当然这种紧迫的救援意识在某种程度上会给救援工作带来一定的积极作用。但是也应该看到，事故救援是协同作战的一项综合性工作，如果仅仅强调时间，盲目求快，救援人员心理机能不能得到很好的调整，在情绪紧张的情况下，就容易忽视各个环节的密切配合，给救援工作带来失误，欲速则不达。

三、对救援人员进行心理负荷训练

针对配电高空伤害事故救援工作的特点，应从以下一些方面对救援人员进行心理负荷训练。

1. 意志品质训练

意志是自觉地确定目的，并根据目的来支配、调节自己的行动，克服种种困难，实现预定目的的心理过程。我们知道，在事故救援中会遇到很多复杂的困难，救援人员要克服和战胜这些困难，必须具有顽强的意志，只有这样才能够承受在事故救援过程中所带来的疲劳和体力消耗，表现出体力和心理的耐力。由此可见，顽强的意志品质是救援人员承受沉重心理负荷的内在力量，是战胜困难，取得胜利的重要条件。

顽强的意志品质不是自发的，而是通过锻炼和训练而逐渐形成的。在没有发生高空伤害事件时，可以采用事故救援的模拟训练，以及经常性的体育锻炼，从难从严磨炼自己的意志。在模拟训练和体育锻炼中，接近于体力负荷是心理锻炼的最好手段，它不仅能锻炼肉体，主要是能够使心理习惯于劳累和重压，使自己的心理状态保持平衡，更好地控制自己的情绪，增强心理耐力。长久地对救援人员进行意志品质训练，就能保证救援人员在种种困难面前，心理负荷减轻，能够承受极大的危险，身体能够承受巨大的劳累，从而担负起完成救援任务的重任。

2. 良好的动机训练

人的一切行动总是从人的动机出发的，并且总是指向某一目标，动机就是行为的动力。对救援人员进行动机训练的关键就是要摒弃强制性，激发自觉性，克服主观上的思想障碍。针对救援人员平时容易出现懒散现象和忽视业务知识和技能学习等问题，可以抓住事故救援中由类似原因造成救援失误的实例，深入剖析，阐明危害，树立正确的救援动机。针对救援人员工作责任心不强，劳动纪律松弛，不能认真执行作业标准化等行为，要从各方面强化管理，培养救援人员自觉严格管束自己的心理，从根本上明确目的，端正动机，把对救援工作的单调感、轻视感、厌烦感转化为对工作负责的高度责任感。

3. 情绪、情感训练

据有关资料统计分析，80％以上的事故救援人员在救援中易出现紧张消极情绪。因此，培养救援人员积极的情绪和情感对于减轻心理负荷是一个十分重要的因素。进行情绪、情感训练可以采取多种形式。平时可通过接近实战条件的模拟训练，掌握、分析为什么在紧张、激烈、危险的场合下容易产生应激情绪的原因，研究制定稳定情绪、减轻心理负荷的对策，从而在心理上得到锻炼，提高对情绪、情感的自控能力，适应事故救援的需要。

4. 业务素质训练娴熟

过硬的业务水平是成功地进行事故救援的首要条件，是减轻心理负荷，稳定情绪不可忽视的因素。事故救援工作不像其他专业工作，每天有任务，它旨在"养兵千日，用兵一时"。不加强业务素质训练，就不能很好地解决事故救援中出现的各种问题。目前，在电力系统中，绝大部分人员没有进行过专业训练，这样的业务素质是不能适应事故救援工作需要的。对救援人员加强业务训练，除要掌握一般配电作业知识外，尤其要熟练地掌握高空释放技能、现场急救等技能。掌握并能运用事故救援中的各种方法，定期进行技能培训，提高技术水平，把救援队伍培养成为一支"召之即来，来之能战，战之能胜"的队伍。

四、事故创伤干预原则

1. 心理救援的一般步骤

心理救援的一般步骤是在配电高空伤害事故发生的最初阶段，提供情感支持，以缓解紧张情绪，然后指导其根据实际情况，寻求可能的援助，进而通过心理辅导帮助受害者分析危机情境，指导学习新的认识方法和应付方法，有效处理危机事件，最后达到提高心理适应能力，重建社会生活的目标，最终战胜困难。

2. 事故创伤干预原则

根据已有的研究和实践，事故创伤发生后的干预，一般应遵循以下原则：

（1）在配电高空伤害事故现场，首先应该做的是在身体创伤方面进行积极抢救与治疗，而在心理创伤方面则首要提供情感支持，以缓解紧张情绪为目标，使受害者感到周围有人在帮助他们，感受到温情与关爱，不使他们产生孤独无助的感觉。

（2）在干预工作中，有些反应是正常创伤后的应激反应，并不意味着脆弱或无能，这样有利于减少受害者回避症状，恢复心理平衡。另外，创伤后心理和行为障碍症状有长期性、慢性化的特点，如果对患者心理障碍的康复期望过高，反而会增加他们的心理负担，影响康复。因此，在干预工作中，努力在患者周围营造一种包容和理解的氛围是十分重要的一项原则。

第四节　救　援　基　本　原　则

一、现场急救的重要意义

企业生产活动必须在安全生产的前提下完成，但安全生产事故仍时有发生，危害现场工作人员的身体健康，甚至造成人身死亡。人的生命只有一次，生命只有精彩的演出，没有重复的彩排，我们不知道什么时候、在什么地方、什么人，会发生什么样的意外事故。但如果我们具有现场急救的知识，具备现场急救的技能，当我们遇到重大突发事故，在生命攸关的时刻，就有可能靠自己的力量，化险为夷，也可以在生死关头，帮助他人、挽救生命。

在生产事故致死性伤员中，约有 35％本来是可以避免死亡的，关键是能否获得快速、正确、高效的应急救护。现场急救是在危机时刻，最大程度挽救伤者、病人生命的重要方法。因此，企业生产人员熟练掌握现场急救的知识和技能是企业安全生产的重要环节之一。

二、现场急救的四个特点

现场急救的特点可用"急""难""险""怕"概括。

（1）"急"。配电作业现场发生高处伤害具有一定的突发性，需要第一时间使伤员脱离电源，完成伤员脱困。

（2）"难"。发生配电高处伤害的位置、环境复杂，被困人员自救、自行脱困难度较大。

（3）"险"。配电架空线路作业属于高空作业危险性较大，且有触电危险。

（4）"怕"。发生配电高处伤害时，一是伤员自己心理恐惧害怕，二是现场工作人员恐慌不知所措。

三、高空救助的基本原则

（1）高空救助必须坚持"以人为本"和"安全优先"的原则。在实施救助的过程中，要牢牢把握"先救命、再救伤、后脱困"三个关键点，把遇险人员和救助人员的安全放在首位。不准放弃一丝解救遇险人员脱离险情的希望，不准有新的人员伤亡，更不准以活人来换死人。

（2）如果现场作业小组协同救援失败，在等待救援期间，现场作业小组人员应根据环境为被困人员提供救生毯、冰块、食品、淡盐水等生命保障物资及必要的心理干预。

（3）发生高空伤害后应根据情况及时拨打120寻求医疗帮助。伤员到达地面须有其他救援人员接应，进行安全带悬吊创伤的防治处理或其他需要的院前医疗救助。

四、高空救助的四项基本要领

1. 安全

安全是指施救前、施救中及施救后都要排除任何可能威胁到救援人员和威胁到伤患者的不安全因素，包括环境的安全隐患，急救方法不当对救援人员或伤患者造成的伤害等及产生的法律上的纠纷，现场急救实施中救援设备的安全隐患等。救人时，既要保护好伤员，又要保护好自己，只有保护好自己，才能更好地去保护和救治伤患者。尽量做到既实现救援目的，又不牺牲人员。遇到风险，减少伤亡是人性化救援的目的。

2. 简单

简单是指救援方法实用、简单、有效，简单的目的是便于学习、便于记忆、便于掌握。

在急救过程当中，把没有实际意义的环节省去，既能节约时间，又能提高效率。

3. 快速

快速是确保效率的一种有效手段，在确保安全、操作准确的前提下，尽量加快操作速度以达到提高施救效率的目的。

4. 准确

准确是指施救技术的准确及其有效性，施救方法的准确是现场施救的重点要求。无效的施救等同于浪费时间，会耽误伤患者的病情甚至伤及伤患者的生命。

五、对本书中所介绍的救援技术的说明

1. 告知

（1）本书后面章节所涉及的救援技术、救护用具性能、操作使用等，必须在有足够了

解和掌握的前提下，方可使用。

（2）本书后面章节提出的救援方案是为特定的场景而制定，在实际救援中需根据现场环境进行风险评估后确定具体救援方案。

（3）掌握本书后面章节技术方案需要进行针对性学习培训，并在专业机构进行训练。

2. 本书后面章节所提供应急救援方案通用环境

（1）作业人员进行配电架空线路上作业时，发生高空伤害后被悬挂在杆塔上，较难或无法自行脱困。

（2）作业人员在配电高空作业时因触电、电弧烧伤、机械损伤、中暑等原因无法自行移动至安全区域。

（3）施救地点无高空作业车或无法抵达的地点。

（4）其他行业的杆塔作业发生高空伤害后可参考本教材。

（5）救援方案需根据伤员作业内容、作业范围，伤害类型、伤员伤情、救援装备、救援人数以及周围环境确定救援方案。

复 习 思 考 题

1. 配电线路高空伤害的主要类型有哪些？都是由哪些原因引起的？

2. 高空伤害防范措施主要有哪些？

3. 高空伤害事故救援的目的和难点是什么？

4. 高空伤害事故救援的特点是什么？

5. 为什么要对救援人员进行心理负荷训练？主要训练科目是什么？

6. 事故创伤干预原则是什么？

7. 现场急救的重要意义是什么？

8. 现场急救的四个特点是什么？

9. 高空救助的基本原则是什么？

10. 高空救助的四项基本要领是什么？

第八章

高空救援基本技能

第一节　配电线路高空救护工作

一、配电线路高空救护人员基本条件

（1）熟知《国家电网公司电力安全工作规程》（配电部分），符合配电作业基本条件。

（2）具备过硬的心理素质，遇事临危不惧，具有对高处伤害事件的分析判断能力，能够快速形成救援方案，做到安全、科学、合理、有序救护。

（3）熟练掌握配网施工作业技能，对现场救护安全做出准确预判。

（4）熟练掌握高处救护技能、高处绳索技术和现场急救医疗救护常识。

（5）经过专业部门培训，并取得专业资格证书。

二、配电线路高空救护常用施工作业工器具

1. 基本要求

（1）配电作业现场存在高处伤害危险的，应配备专业高处救援装备、急救箱，存放急救用品，并指定专人经常检查、补充或更换。

（2）在无专业救援装备、医疗急救包的情况下，要充分利用作业现场工具、材料制作救护用具。

2. 常用工器具种类

配电线路高空救护常用施工作业工器具如图 8-1-1 所示。

图 8-1-1　配电线路高空救护常用施工作业工器具

配电作业点多面广，不同作业内容使用的工器具、材料不一。

（1）常用的工器具包括工具包、脚扣、全方位安全带、传递绳；另克杆、接地线、验电器、紧线器、卡线器、梯子等。

（2）常用施工抢修材料包括各种型号导线、绝缘子、金具等。

3. 现场无专业救援设备时的处置办法

若配电作业现场无专业救援装备、工器具或材料，且不具备现场救援条件时，现场救护人员应第一时间电话求助，对伤员进行心理干预，稳定伤员情绪，等待救援。

三、现场救护用具制作

1. 简易担架

简易担架是在缺少担架或担架不足的情况下，就地取材临时制作的担架，用两根结实的长杆物配合衣物等结实的织物可制成临时担架，用以应付紧急情况下的伤者转运，如图8-1-2所示。

 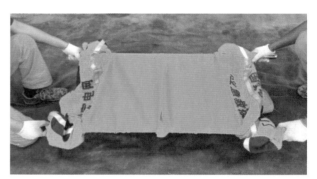

（a）工作服上衣＋现场木棍　　　　　　　　（b）工作服上衣＋令克杆

图 8-1-2　就地取材制作简易担架

2. 简易颈托

病人意识消失后，肌肉的张力也完全消失，舌肌松弛，舌根向后下坠，正好堵住气道，造成上呼吸道梗阻。在救援现场使用衣物制作简易颈托将伤员颈椎固定于适当的位置，保持正常体位，如图8-1-3所示，限制伤员颈部过度活动以保持局部稳定，确保伤员呼吸畅通。

图 8-1-3　用衣物制作简易颈托

3. 止血带

（1）在现场急救中主要使用橡皮止血带和布性止血带。布性止血带是用绷带或有弹性的布条制成的止血带，现场急救时可用毛巾、衣物撕成布条代替绷带，如图8-1-4（a）所示。将布带缠绕肢体一圈后打结，圈内插入一小木棍绞紧，边绞边看出血情况，动脉出血刚刚止住即为松紧适度。然后将小木棍用布条固定，如图8-1-4（b）所示。

（2）对出血多的伤口应加压包扎，有搏动性或喷涌状动脉出血不止时，暂时可用指压法止血，或在出血肢体伤口的近端扎止血带。

（3）在救护现场可用工具包背带、安全带副带、毛巾、布条等给伤员加压止血，严禁使用电线、铁丝、细绳等过细、无弹性的物体。

（a）止血带   （b）布条代替绷带止血

图 8-1-4　止血带及其正确使用

4. 牵引器具

为避免伤员在释放过程中触碰障碍物并造成二次伤害，必要时救援现场可用传递绳、导线、接地线、令克杆等具有一定拉断力的杆状或线状物体作牵引，如图 8-1-5 所示。

图 8-1-5　现场杆状和线状物体

5. 救援绳

救援绳是将伤者或被困者从被困环境带到安全位置的绳索，是伤员高处释放的基本用具。救援现场可用传递绳、导线、接地线等能承受伤员 2 倍以上体重的线状物体做救援绳，如图 8-1-6 所示。

图 8-1-6　可作为救援绳的各种绳具

第二节　锚点选择与应用

一、锚点选择

1. 锚点

锚点指整个救援绳索系统的受力点，用于连接绳索、支持承载负荷，是整个救援绳索系统的重中之重，可以是所有可作为受力点的物体。

2. 锚点选择原则

（1）选择锚点时，必须坚持简单方便、安全可靠的原则。

（2）选择锚点时要注意保护点的受力方向和需要承受的最大负荷，确认保护点所处位置是否有利于救援绳作业的展开，保护点是否有受到锋利、高温潮湿、腐蚀性等物体的影响。

（3）制作锚点时，要最大限度地确保锚点的可靠性和牢固性。必要时，可设置两个以上锚点，一个用于主绳受力，另一个用于第二保护。

3. 锚点分类

（1）根据锚点的受力状态不同，锚点分为万向受力锚点和有方向性受力锚点。万向受力锚点，能够承受各个方向的力量负荷。有方向性受力锚点必须注意受力方向，只能朝一个方向或两个方向受力，若受力方向错误，将导致锚点损坏，甚至出现事故扩大。

（2）根据配电线路构造、施工现场周围环境和现场救护需要，按设置锚点的位置可分为地面锚点、高处锚点等。

二、地面锚点

在救护现场地面上，可利用杆根、拉线、车辆、树木等牢固可承受伤员体重拉力的物体作为锚点。

1. 杆根

选择杆根作为锚点时，应检查杆基是否牢固，杆身应无晃动，在距离地面较近的杆根位置宜设置锚点，如图 8-2-1 所示。

使用时，传递绳用双套结固定在杆根上，安全带后备绳用抓结固定在救援绳上，形成稳固锚点。此时，一名救护人员即可控制救援绳。

2. 拉线

选择拉线做锚点时，应检查拉线受力是否均匀，UT 线夹螺丝应紧固，如图 8-2-2 所示。

使用时，将救援绳直接穿在拉线（地锚拉杆）心形环内，或通过 U 形环固定在地锚拉杆、UT 线夹上。

3. 树木

选择树木作为锚点时，树木必须是活的，且直

图 8-2-1　选择杆根作为地面锚点

径粗壮（直径 15cm 以上），根深稳固，如图 8 - 2 - 3 所示。不得选择刚移植、种植的树木，或已死亡的树木（哪怕直径很大也不能用）。

图 8 - 2 - 2　选择拉线作为地面锚点　　图 8 - 2 - 3　选择树木作为地面锚点

使用时，救援绳在树木根部缠绕 2～3 圈，增加摩擦力和防止缠绕点移位。

4. 车辆

救援现场也可考虑车辆、工程机械等交通工具作为锚点，如图 8 - 2 - 4 所示。

图 8 - 2 - 4　选择车辆作为地面锚点

选择车辆作为地面锚点时，应注意以下事项：

（1）尽量选择总质量较大的车辆、机器设备。

（2）在条件情况下，尽量选择车辆的侧面作为锚点。

（3）停车时必须要拉好手刹，并用专用轮楔塞好车轮，防止滑动。

（4）尽量避免选择有斜度的环境停车，防止车辆受力滑溜。

（5）要选择车辆轮毂、大梁、受力钩、车桥等部位，切忌使用保险杠、车门、尾杠、反光镜等作为锚点。

三、高处锚点

可利用螺栓、导线、绝缘子、横担等牢固的构件作为高处锚点，锚点选择以弧面为主、平面为辅，严禁选择不牢固、尖锐锋利物件（抱箍、斜撑）等作为锚点。

1. 螺栓

直径在 16mm 以上的螺栓可选作高处锚点，如图 8-2-5 所示。使用前应检查螺栓紧固情况，应无松动。

2. 悬式绝缘子

还可选择悬式绝缘子作为高处锚点，如图 8-2-6 所示。使用前检查绝缘子与金具连接情况，应牢固，绝缘子 M 销无缺失或脱落现象。

图 8-2-5 选择螺栓作为高处锚点

图 8-2-6 选择悬式绝缘子作为
高处锚点

3. 横担

横担应牢固可靠，优先选用带有斜撑固定的横担作为高处锚点，如图 8-2-7 所示。保证横担受力后应无倾斜现象，救援绳固定在横担两侧有遮挡物的位置，防止救援绳从横担上滑脱。

4. 杆身

当电杆上无螺栓、横担、绝缘子等可作为高处锚点时，可使用传递绳在杆身上制作双套结，绳尾使用平结或渔夫结组成闭合绳环，救援绳穿过 U 形环作为锚点，如图 8-2-8 所示。

图 8-2-7 选择横担作为高处锚点

图 8-2-8 选择杆身用救援绳
制作高处锚点

第三节　伤　员　挂　点

一、伤员挂点的选择

选择锚点的目的是为了进行高空救援，将处于高空的伤员救下地面，因此还要在伤员身上选择一个合适的挂点，既有利于施救，又不会给伤员造成二次危害。

可选用伤者或被困者全方位安全带后背的挂环作为伤员挂点。当安全带后背挂环无法使用或安全带失去防护能力，以及伤员身上没有安全带时，可使用救援绳制作称人结完成伤员从高空向地面的释放。

二、将伤员从高空向地面释放的方法

1. 安全带后背挂环作为伤员挂点

使用救援绳穿过伤者或被困者全方位安全带后背的挂环，采用布林结等绳结系牢，如图8-3-1所示。该方法使用前需检查伤员安全带穿戴是否正确，避免伤员释放过程中，安全带胸前的辅带勒住伤员颈部。

2. 使用救援绳制作称人结作为伤员挂点

使用救援绳制作称人结固定在伤员腋下，如图8-3-2所示。救援绳环不宜过大，防止伤者或被困者从绳环内滑出，绳环大小以伤者胸围为宜。为减少绳环对伤者造成的疼痛，可在绳环内加塞衣物。

图8-3-1　选择安全带后背环
作为伤员挂点

3. 使用救援绳制作双套称人结作为伤员挂点

使用救援绳制作双套称人结，缚着伤员腋下和两腿，如图8-3-3所示。应确保伤者身体始终保持蜷曲状态，直到完成释放。

图8-3-2　使用救援绳制作称人结
作为伤员挂点

图8-3-3　使用救援绳制作双套称人结
作为伤员挂点

第四节　配电线路高处应急救援绳结应用

一、绳结

1. 绳结的作用

绳结是指所用绳索来捆绑物体或用绳索来移动物体时固定物体所打的结。绳结是绳索技术作业的基本技能，通过绳结可以快速搭建各种绳索救援系统，有效保护作业人员或受困者的生命安全，进一步提高工作效率。

2. 绳结制作要求

（1）不同的绳结其作用和用途均不相同，用错绳结极易发生人身安全事故，因此每位作业人员都必须熟练掌握各种绳结的制作方法、适用场合和注意事项，特别是要统一绳结名称，避免造成误解性失误。

（2）绳结的选用和制作必须考虑绳结的效能，通常情况下，绳子制作绳结后，其强度会下降20%，有的甚至下降50%，容易发生绳结断裂危险。制作绳结时必须系紧、平整、紧实，避免绳与绳交叉，否则整体受力不均匀，容易松开解体或降低受力强度。避免在一根受力的绳索上出现两个以上受力的绳结。

（3）绳结制作完成后，要留出一定的余长，并根据绳结的功能不同，余绳长度也不尽相同，通常不少于10cm。若无特殊要求，绳索余长常用作打半结固定。

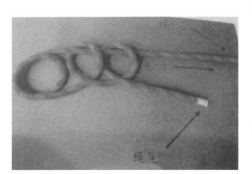

图 8-4-1　绳结各个部位的名称

3. 绳结常用术语

绳结常用术语所指部位，如图8-4-1所示。

（1）绳头。绳头是指绳索任意一个绳端。

（2）绳尾。绳尾是指绳索任意一个绳端作为绳头后的另一个绳端。

（3）主绳。绳头和绳尾之间的绳索称为主绳。

（4）余绳。余绳是指绳索打结后留出的部分。

（5）走向。走向是指绳索的主要延伸方向。

二、救援绳（传递绳）

配网高空伤害事件发生后，在没有专业救援绳索的情况下，可利用作业现场传递绳替代救援绳。不同材料、规格的传递绳拉断力不同，下面以现场常用白棕绳为例介绍。

1. 白棕绳的特点和用途

白棕绳是以剑麻为原料捻制而成的，它的抗拉力和抗扭力较强，耐磨损、耐摩擦，弹性好，在突然受到冲击载荷时也不断裂。白棕绳主要用于受力不大的缆风绳、溜绳等处，也有的用作起吊轻小物件。

2. 白棕绳分类

（1）白棕绳按股数多少可分为三股、四股和九股三种。

（2）白棕绳又分浸油白棕绳和不浸油白棕绳两种。浸油白棕绳有耐磨、耐腐蚀和防潮性能，但由于受油中所含酸的影响，强度比未浸油的白棕绳大约下降 10%。同时挠性下降，自重增加，成本上升，故不常采用。

3. 白棕绳允许拉力计算

下面通过一个算例进行说明。

例如，有一根国产白棕绳，直径为 19mm，其有效破断拉力 $T_D = 13kN$，当在作牵引绳时，试求其允许拉力是多少？（提示：安全系数 $K = 5$，动荷系数 $K_1 = 1.0$，不平衡系数 $K_2 = 1.0$）

解：计算公式如下：

$$T = \frac{T_D}{KK_1K_2}$$

将有关数据代入公式，计算得其允许拉力为 2.60kN。计算结果与表 8 - 4 - 1 比对，合格。

表 8 - 4 - 1　　　　　　　　白 棕 绳 技 术 性 能 表

麻绳直径 d /mm	每卷重量 /kg	破断拉力 /N	许用拉力/N		应用滑车最小值 /mm（$D > 10d$）
			$K = 5$	$K = 3$	
6	6.5	2000	400	660	100
8	10.5	3250	650	1080	100
11	17.0	5750	1150	1910	150
13	23.5	8000	1600	2660	150
14	32.0	9500	1900	3160	150
16	41.0	11500	2300	3830	200
19	52.5	13000	2600	4330	200
20	60.0	16000	3200	5330	200
22	70.0	18500	3700	6160	220
25	90.0	24000	4800	8000	250

三、救援绳结现场应用

救援应用绳结也是在实际作业中运用的绳结，是各种基本绳结在现场的综合运用，通常用于作业人员的自身保护和对受困者及遇险人员的救助。按照不同的工作环境和需求常采用不同的绳结。在这里重点介绍配电高处救援常用的双套结、平结、抓结、"8"字结、意大利半结、称人结、双套称人结。

1. 双套结

双套结俗称猪蹄扣、双套结、丁香结等，可以快速将绳扣入钩环，与锚点连接，其优点是容易在不需要解开绳结的情况下调整绳索位置，通常用来捆绑物体或连接锚点，如图 8 - 4 - 2 所示。

（a）与锚点连接

（b）捆绑物体

图 8-4-2 双套结（猪蹄扣、丁香结）

2. 平结

平结为专用于连接绳索的绳结，可连接一根绳索的两端，或者两根相同材质、相同直径的绳索连接，如图 8-4-3 所示。

（a）两根绳连接

（b）连接一根绳索的两端

图 8-4-3 平结

3. 抓结（普鲁士结）

抓结也叫普鲁士结，打了抓结的绳子一旦负重就会像捏紧的拳头，牢牢地拽住绳子，如图 8-4-4 所示。使用时打法简便，但缠绕圈数不好判断，多了会卡死，少了会失效。注意抓结绳套的接头处不能绕到主绳上去。

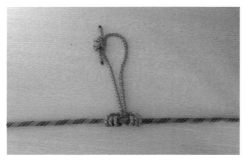
（a）抓结绳套的接头处不可以绕到主绳上去

（b）打了抓结的绳子一旦负重就会
像捏紧的拳头

图 8-4-4 抓结（普鲁士结）

4. "8" 字结

这是所有 "8" 字结家族的基础，具有非常好的稳固性，绳结自行松脱的可能性很小，通常用作锚点制作。包括单 "8" 字结、双 "8" 字结、对穿 "8" 字结等，如图 8 - 4 - 5 所示。应根据不同的作业环境和用途正确选择，"8" 字结也可以作为绳索末端防脱节使用。

（a）单 "8" 字结

（b）双 "8" 字结

图 8 - 4 - 5 "8" 字结

5. 意大利半结

意大利半结也称意大利半扣，严格来讲，它不是一种闭合的绳结，这个结必须有锁具配合才能完成，如图 8 - 4 - 6 所示。它可以用来作为顶绳确保装备，但只能在不产生冲坠的情况下使用，并不适合先锋保护。当你遗失确保装备或没带装备时，可以用意大利半结来下降，但绳子很容易纠结。

（a）打结示意图

（b）实际应用图

图 8 - 4 - 6 意大利半结

6. 称人结

称人结又叫布林结，可以在绳索的尾端制作稳固的绳圈，通常用在闭合构件（树木或柱子）上制作锚点，或者用于连接主锁，作为保护绳用。其稳定性不如 "8" 字结，制作时必须用余绳打半结加固，如图 8 - 4 - 7 所示。

（a）打结示意图

（b）实际应用图

图 8 - 4 - 7　称人结（布林结）

7. 双套称人结

双套称人结主要用于在没有安全带的特殊情况下，使用绳索制作双绳圈紧急救出受困者，简单实用，也可用于水平和垂直吊升受困者，如图 8 - 4 - 8 所示。

（a）打结示意图

（b）实际应用图

图 8 - 4 - 8　双套称人结

复 习 思 考 题

1. 配电线路高处救护人员应具备哪些基本条件？

2. 配电线路高空救护常用施工作业工器具有哪些？

3. 在现场没有救护器具的情况下如何就地取材现场制作救护用具？

4. 锚点在高处紧急救援中的作用是什么？

5. 怎样选择锚点？怎样选择地面锚点？怎样选择高处锚点？

6. 怎样选择伤员挂点？

7. 如何将伤员从高空向地面释放？

8. 配电线路高处应急救援绳结应用的重要意义是什么？

9. 什么是绳结？什么是救援绳（传递绳）？

10. 试举例说明现场救援常用的绳结的制作方法和适用场合。

第九章

高空伤害现场医疗急救

第一节　现场急救的基本原则

一、现场急救的意义

当遇到危及生命的意外伤害和急病时，迫切需要在黄金时间里有医务人员到达现场进行急救。但是，目前要保证救护车在 5min 内到达事故发生的现场是困难的，存在救命时间的分秒必争与救护车不能召之即来和现场缺乏敢急救、会急救、能急救的救援人员的尖锐矛盾。对于这一救命矛盾中的两个方面，我们不能改变的是人们对急救黄金时间的依赖，而能做的就是现场急救。

现场急救是现场工作人员或"第一目击者"对伤患者迅速、正确地救治和关怀。现场急救作为院前急救的重要组成部分，在维持、抢救伤者的生命，改善伤者的痛苦，尽可能防止伤患者发生并发症和后遗症等方面发挥着重要的作用。

二、现场急救的医疗救护原则

现场急救的医疗救护原则是坚持"一个中心和四个基本原则"。

（一）一个中心

现场急救要始终坚持以伤患者生命为中心，严密监护伤患者生命体征，正确处置危及伤患者生命的关键环节，保证或争取伤患者生命在到达医院前得到延续。

（二）四个基本原则

1. 对症治疗原则

对症治疗原则指现场急救主要是针对"症状"而不是针对"疾病"，即是对症而不是对病、对伤。现场急救主要不是为了"治病"，而是为了"救命"，它只是处理疾病或创伤的急性阶段，而不是治疗的全过程。对有生命危险的急症者，必须先"救人"后"治病"。

2. 拉起来就跑原则

拉起来就跑原则指对一些在现场无法判断或正确判断需要较长时间，而伤患者又十分危急者，无法采取措施或采取措施也无济于事的危重患者，急救者不要在现场做不必要的处理，以免浪费过多时间。应以最快的速度将伤患安全送至医院，并加强途中监护、输液、吸氧等治疗，做好记录。

3. 就地治疗原则

就地治疗原则指对某些急症患者，现场施救人员不能简单地把伤患者拉起来一走了之，而是必须在现场采取合适有效的急救措施，待伤患者病情基本稳定后才能送往医院，如有人触电，导致呼吸、心搏骤停，在现场必须立即进行心肺复苏或采用边复苏边转送伤者到医院的方法，否则伤患者必死无疑。

4. 全力以赴原则

全力以赴原则指现场急救人员要本着对危重伤患者的生命高度负责的精神，在实施现场急救特别是生命支持过程中的每个环节上要尽其所能、全力以赴，绝不抛弃、不放弃。

第二节　悬吊创伤的现场急救处理

一、悬吊创伤

1. 悬吊创伤的概念

悬吊创伤即悬吊综合征，又称悬挂创伤，是人体悬吊在垂直位置，不能动弹，致使腿部肌肉受到制约，血液循环受限，不能有效回流至心脏，脑部或其他重要器官因缺氧而造成的损伤。悬吊创伤比其他任何外伤都危险。

2. 高空作业发生坠落时的悬吊状态

当使用安全带的高处作业人员发生坠落事故时，由于安全带一般都有绳索跨过双大腿内侧以提供支撑，因此坠落者就以头上脚下的垂直姿势半吊着，自己的重量就会压在这两条绳索上，使臀部血液回流受阻，血液堆积在双下肢，不能有效地流回心脏。如果一直保持这种悬吊状态未能及时解除，就会因心肺系统不能正常工作而造成气道堵塞、血液循环不畅、脑部缺氧窒息，甚至死亡。

3. 悬吊创伤的症状及危险程度

（1）发生垂直悬吊时，即使未受其他伤，悬吊者最快在 3min 内就可感觉眩晕（一般 5～20min），最快在 5min 内可能就失去意识（一般 5～30min）。因此，发生悬吊时，必须尽快营救，才能把悬吊创伤的危险性降到最小。

（2）如果悬吊者在 10min 脱困，因腿部的血液可能已经出现问题，如果放任其快速回流至脑部，甚至有可能造成伤者死亡，这被称为返流综合征，一旦发生就很难控制，伤者会死亡。

（3）如果悬吊者在 10～20min 后解救脱困，积聚在腿部的血液已经"瘀结"，血液中氧气耗光，二氧化碳饱和，脂肪分解过程在血液中产生许多有毒废物，释放出肌红蛋白、钾、乳酸及其他一些有害物质。此时若将伤者腿部抬高，血液中的各种有害物质会通过血液快速流动到身体各个部分。内脏器官（特别是肾）可能因此受损，心脏可能停止工作。

二、悬吊伤员脱困后的处置措施

（1）任何刚从悬吊困境解救下来的人员，都必须保持坐姿至少 30min。

（2）缓慢使脱困者恢复平躺姿势，从蹲下姿势到坐下姿势，再到平躺姿势，整个过程要保持在 30～40min。

（3）禁止任何人将伤者放置在手推车或病床上。

（4）在搬运过程中，应使伤者保持坐姿。

第三节　电弧烧伤现场急救处理

一、烧伤和烧伤等级

1. 烧伤

通常所讲的烧伤包括灼伤和烫伤。灼伤指火焰烧伤，包括电弧烧伤、化学药品灼伤；

烫伤指热的液体、固体接触表皮的烧伤。灼伤一般较深，范围固定，表皮破损，不会有水泡。烫伤一般浅一些，范围较大，深浅不一，表皮不会立刻破损，会有水泡等。从医学的角度来说，这两种伤的治疗是没有区别的。发现烧伤伤员后，应保持伤口清洁。伤员的衣服、鞋袜，用剪刀剪开后除去。伤口全部用清洁布片覆盖，防止污染。四肢烧伤时，先用清洁冷水冲洗，然后用清洁布片或消毒纱布覆盖并送医院。

2. 烧伤等级

（1）Ⅰ度烧伤。Ⅰ度烧伤又称红斑性烧伤，仅伤及表皮的一部分，但生发层健在，因而增殖再生能力活跃，常于 3～5 天内愈合，不留瘢痕。

（2）浅Ⅱ度烧伤。浅Ⅱ度烧伤会伤及整个表皮和部分乳头层，由于生发层部分受损，上皮的再生有赖于残存的生发层及皮肤附件，如汗腺及毛囊的上皮增殖。如无继发感染，一般经 1～2 周左右愈合，也不留瘢痕。

（3）深Ⅱ度烧伤。深Ⅱ度烧伤深及真皮乳头层以下，但仍残留部分真皮及皮肤附件，愈合依赖于皮肤附件上皮，特别是毛囊突出部内的表皮祖细胞的增殖。

（4）Ⅲ度烧伤。Ⅲ度烧伤又称焦痂性烧伤，一般指全程皮肤的烧伤，表皮、真皮及皮肤附件全部毁损，创面修复依赖于手术植皮或皮瓣修复。

（5）Ⅳ度烧伤。Ⅳ度烧伤深及肌肉、骨骼甚至内脏器官，创面修复依赖于手术植皮或皮瓣修复，严重者需截肢。

3. 烧伤的深浅度区别

（1）轻度烧伤。创面在伤后 21 天内自行愈合的烧伤，包括Ⅰ度烧伤和浅Ⅱ度和部分较浅的深Ⅱ度烧伤。

（2）深度烧伤。创面自行愈合需要 21 天以上的烧伤，包括较深或伴感染的深Ⅱ度烧伤、Ⅲ度烧伤和Ⅳ度烧伤，通常需要手术治疗。

（3）中度烧伤。成人烧伤面积在 11％～30％之间（小儿 5％～15％）或Ⅲ度烧伤面积在 10％以下（小儿 5％以下），并且无吸入性损伤或者严重并发症的烧伤。

（4）重度烧伤。成人烧伤面积在 31％～50％之间（小儿 16％～25％之间）或Ⅲ度烧伤面积在 10％～20％之间（小儿 10％以下），或成人烧伤面积不足 31％（小儿不足16％），但有下列情况之一者：①全身情况严重或有休克；②复合伤（严重创伤、冲击伤、放射伤、化学中毒等）；③中、重度吸入性损伤；④婴儿头面部烧伤超过 5％。

二、烧伤现场处置方法

1. 轻度烧伤

轻度烧伤应尽可能立即浸泡在冷水中。常用纱布绷带来保护创面免受污染和进一步创伤。保持创面清洁非常重要，因为一旦表皮损伤就可能开始感染，并很容易扩散。

2. 重度烧伤

重度烧伤伤员需要送入高压氧舱治疗，必须在烧伤后 24h 内进行。

3. 强酸或碱灼伤

强酸碱灼伤应迅速脱去被溅染衣物，现场立即用大量清水彻底冲洗，要彻底，然后用适当的药物给予中和，冲洗时间不少于 20min。被强酸烧伤应用 5％碳酸氢钠（小苏打）

溶液中和；被强碱烧伤应用 0.5％～5％醋酸溶液或 5％氯化铵或 10％构橼酸液中和。

4. 其他要求

（1）未经医务人员同意，灼伤部位不宜敷搽任何东西和药物。

（2）送医院途中，可给伤员多次少量口服糖盐水。

第四节　创伤现场急救处理

一、创伤急救的基本要求

1. 创伤急救的原则

（1）创伤急救原则上是先抢救，后固定，再搬运，并注意采取措施，防止伤情加重或感染。需要送医院救治的，应立即做好保护伤员措施后送医院救治。急救成功的条件是动作快，操作正确，任何延迟和误操作均可加重伤情，并可导致死亡。

（2）抢救前先使伤员安静躺平，判断全身情况和受伤程度，如有无出血、骨折和休克等。

（3）外部出血立即采取止血措施，防止失血过多而休克。外观无伤，但呈休克状态，神志不清或昏迷者，要考虑胸腹部内脏或脑部受伤的可能性。

（4）为防止伤口感染，应用清洁布片覆盖。救护人员不准用手直接接触伤口，更不准在伤口内填塞任何东西或随便用药。

2. 搬运创伤伤员的方法

搬运创伤伤员时应使伤员平躺在担架上，腰部束在担架上，防止跌下，如图 9 - 4 - 1 所示。平地搬运时伤员头部在后，上楼、下楼、下坡时头部在上，搬运中应严密观察伤员，防止伤情突变。

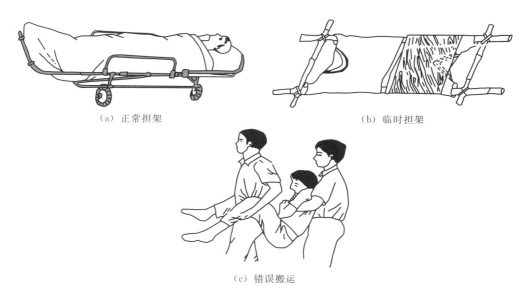

(a) 正常担架　　　　　　　　　　　　　　　(b) 临时担架

(c) 错误搬运

图 9 - 4 - 1　搬运创伤伤员的方法

二、止血

1. 伤口渗血处置方法

用较伤口稍大的消毒纱布数层覆盖伤口，然后进行包扎。若包扎后仍有较多渗血，可再加绷带适当加压止血。

2. 伤口出血呈喷射状或鲜红血液涌出时处置方法

伤口出血呈喷射状或鲜红血液涌出时应立即用清洁手指压迫出血点上方（近心端），使血流中断，并将出血肢体抬高或举高，以减少出血量。

3. 止血带正确使用方法

用止血带或弹性较好的布带等止血时，如图 9-4-2 所示。应先用柔软布片或伤员的衣袖等数层垫在止血带下面，再扎紧止血带以刚使肢端动脉搏动消失为度。上肢每 60min，下肢每 80min 放松一次，每次放松 1~2min。开始扎紧与每次放松的时间均应书面标明在止血带旁。扎紧时间不宜超过 4h。不要在上臂中三分之一处和窝下使用止血带，以免损伤神经。若放松时观察已无大出血可暂停使用。禁止用电线、铁丝、细绳等作止血带使用。

4. 内出血创伤伤员处置方法

高处坠落、撞击、挤压可能有胸腹内脏破裂出血。受伤者外观无出血但常表现面色苍白、脉搏细弱、气促、冷汗淋漓、四肢厥冷、烦躁不安，甚至神志不清等休克状态，应迅速躺平，抬高下肢，如图 9-4-3所示，保持温暖，速送医院救治。若送院途中时间较长，可给伤员饮用少量糖盐水。

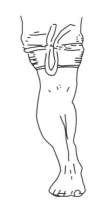

图 9-4-2 止血带使用示意图

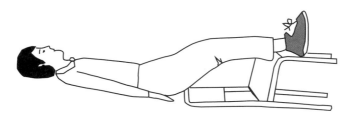

图 9-4-3 内出血伤员应迅速躺平抬高下肢

三、骨折现场急救处理

1. 肢体骨折

肢体骨折可用夹板或木棍、竹竿等将断骨上、下方两个关节固定，如图 9-4-4 所示。也可利用伤员身体进行固定，避免骨折部位移动，以减少疼痛，防止伤势恶化。开放性骨折，伴有大出血者，先止血，再固定，并用干净布片覆盖伤口，然后速送医院救治。切勿将外露的断骨推回伤口内。

 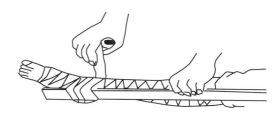

（a）上肢骨折固定　　　　　　　（b）下肢骨折固定

图 9-4-4　肢体骨折现场处置

2. 颈椎损伤

疑有颈椎损伤，在使伤员平卧后，用沙土袋（或其他代替物）放置头部两侧，如图 9-4-5所示，使颈部固定不动。需要进行口对口呼吸时，只能采用抬颏使气道通畅，不能再将头部后仰移动或转动头部，以免引起截瘫或死亡。

3. 腰椎骨折

应将腰椎骨折伤员平卧在平硬木板上，并将腰椎躯干及两侧下肢一同进行固定，预防瘫痪，如图 9-4-6所示。搬动时应数人合作，保持平稳，不能扭曲。

图 9-4-5　颈椎骨折固定　　　　　　图 9-4-6　腰椎骨折固定

第五节　中暑现场急救处理

一、中暑

1. 中暑现象

中暑是在高温和热辐射的长时间作用下，导致肢体体温调节失衡，水分、电解质代谢紊乱及神经系统功能损害，出现以体温极高、脉搏迅速、皮肤干热、肌肉松软、虚脱及昏迷为特征的一种病症。体虚、有慢性病、耐热性差者尤易中暑。

2. 中暑的先兆表现

（1）在高温作业场所工作较长时间。

（2）出现头昏、头痛、口渴、多汗、全身乏力、心悸、注意力不集中、动作不协调等症状。

（3）体温正常或略高。

3. 中暑的分级

（1）轻症中暑。中暑的先兆表现症状加重，出现面色潮红、大量出汗、脉搏细速等表现，体温升至 38.5℃ 以上。

（2）重症中暑。

1）热射病。发病早期大量出汗，继而无汗，可伴有皮肤干热及不同程度的意识障碍，体温在 40℃ 以上，发病迅速，病情凶险，多发于高温、高湿的环境。

2）热痉挛。出现明显的肌肉痉挛，伴有收缩痛，多发于活动较多的四肢肌肉及腹肌等，常呈现对称性，时而发作、时而缓解。体温表现一般正常，意识清晰，多在高温环境疲劳状态下发生，是虚脱第一信号。

3）热衰竭。热衰竭主要表现为头昏、头痛、口渴、多汗、恶心、呕吐，继而皮肤湿冷、血压下降、心律紊乱、轻度脱水，体温正常或偏高，病情发展快，多发于高温、强辐射的环境。

二、中暑现场急救处理

1. 挪移

将患者挪至通风、阴凉的地方，平躺并松解束缚患者呼吸活动的衣服，如衣服被汗水浸透应及时更换衣服。

2. 降温

可采用头部敷冷毛巾降温，或用 50％酒精、白酒、冰水擦浴颈部、头部、腋窝、大腿根部，甚至全身，也可用电风扇吹风加速散热，有条件的可用降温毯给予降温，但不要降温太快。

3. 补水

患者有意识时，可给一些清凉饮料、淡盐水或小苏打水，但千万不要急于一次性补充大量水分，一般每半个小时补充 150～300mL 即可。

4. 促醒

患者失去知觉时，可指掐人中、合谷穴，促其苏醒；若呼吸心跳停止，应立即实施心肺复苏。

5. 转送

重症中暑患者必须立即送医院诊治，转送时，应用担架，不可患者步行，运送途中应坚持降温，以保护大脑和心肺等重要器官。

复 习 思 考 题

1. 高处伤害现场医疗急救的基本原则是什么？
2. 现场急救的意义是什么？
3. 现场急救医疗救护的原则是什么？
4. 悬吊创伤的现场急救处理需要注意哪些事项？
5. 悬吊伤员脱困后的处置措施有哪些？
6. 电弧烧伤现场急救处理方法是什么？
7. 烧伤和烧伤等级是怎样划分的？
8. 创伤急救的基本要求是什么？
9. 止血的方法有几种？各适合于哪些部位？
10. 骨折现场急救处理的基本原则是什么？
11. 什么是中暑？中暑现场急救处理的原则和方法是什么？

第十章

高空救援技术方案

本章内容是在国网山东省电力应急管理中心配网实训场地，模拟架空配电线路、配电变压器台架不同工作地点，工作人员发生的触电、电弧烧伤、机械损伤、昏厥（中暑）四种高空伤害，针对现场救护人员数量、工器具和材料，提出的高空救援技术方案。

第一节　救援原则与救援步骤

一、救援原则

（1）救护者要本着"先救命、后治伤"的原则，通过对现场救援装备、伤员伤情和伤员所处周围环境进行安全评估后展开救援。

（2）救援现场不具备救援条件时，救护者应第一时间电话求助；若伤员意识清醒，给伤员必要的心理干预，使其情绪稳定，或引导伤员自救，避免事故扩大。

（3）救援现场具备救援条件，伤员暂时无生命危险（如骨折、流血、中暑等），意识清醒，但无行为能力时，可不急于使伤员脱困，应"先治伤、后脱困"。

（4）救援现场具备救援条件，伤员有生命危险（如触电、电弧烧伤、重度中暑等）且无意识和行为能力时，在采取保证救护人员安全的措施后，迅速展开救援，应"先救命、后治伤"。

二、救援步骤

救援步骤如图 10-1-1 所示。

图 10-1-1　救援步骤

1. 脱离电源

要尽快脱离电源，并严格按照《国家电网公司电力安全工作规程（配电部分）》有关要求，停电、验电、装设接地线。

2. 拨打求助电话

（1）调度电话。表明身份、事件简况（时间、地点、人物、伤害类型）、停电线路名称、范围、停电确认。

（2）120 电话。表明身份、事件简况（时间、地点、人物、伤害类型）、指定到达地点，保持通信畅通。

（3）汇报电话。表明身份、事件简况（时间、地点、人物、伤害类型）、现场初步处理情况。

3. 登杆救护

（1）登杆救护人员要沉着冷静、在确保自身安全的前提迅速登杆。

（2）救护人员按登杆要求登杆，确保自身安全；严禁出现脚扣打滑，不系安全带等不安全行为。

（3）登杆时携带救护必需品，例如止血带、传递绳等。

（4）若现场有梯子、升降车等特种车辆另述。

4. 高空救护

（1）触电。判断意识、呼吸和心跳，紧急救护，制作颈托。

（2）电弧烧伤。判断伤情，创面保护。

（3）机械损伤。判断伤情，止血包扎。

（4）昏厥（中暑）。判断意识、呼吸和心跳，紧急救护，制作颈托。

5. 伤员释放

（1）检查安全带穿戴是否合理牢固。

（2）安全带与救援绳连接点牢固可靠。

（3）控制下放速度，防止伤员坠落地面。

（4）控制下放角度，防止伤员误碰线杆等物件。

（5）下放通道内妨碍伤员下放的导线、弱电线路等杆上附属物，具备快速清除的条件下，可以采取拆除（剪断）措施，承力拉线严禁拆除。

6. 地面紧急救护

（1）触电。根据规程要求进行心肺复苏急救，在医疗人员到达现场或送达医院之前不得间断心肺复苏救护。

（2）电弧烧伤。判断伤情，进行创面保护。

（3）昏厥（中暑）。将伤员转移至通风、阴凉的地方，进行降温、补水，对昏迷伤员进行促醒。

（4）悬吊创伤现场急救。

1）任何刚从悬吊困境解救下来的人员，都必须保持坐姿至少 30min。

2）缓慢使脱困者恢复平躺姿势，从蹲下姿势到坐下姿势，再到平躺姿势，整个过程要保持在 30～40min。

3）禁止任何人将伤者放置在手推车或病床上。

4）在搬运过程中，应使伤者保持坐姿。

7. 送医救治

伤员脱困到达地面后，进行必要的现场急救，并快速送医疗部门救治。

第二节 单层配电线路高空伤害伤员释放

一、单人陪同释放

单人陪同释放适用于配电高处伤害发生后，现场仅有 1 名工作人员（释放通道有障碍物）时的救护方案，如图 10-2-1 所示。

图 10-2-1　单人陪同释放

单人陪同释放根据现场情况有两种方式：一种是利用杆根做地面锚点，另一种是利用杆顶横担或螺栓作为高空锚点。

1. 利用杆根作为地面锚点

利用杆根作为地面锚点，如图 10-2-2 所示。

登杆前，救援人员将救援绳一端采用双套结固定在杆根上。该方式完成伤员释放后，救援人员在不登杆的情况即可解除救援绳，需考虑救援绳长度大于杆高 2 倍以上。

将救援绳搭在横担上作为支撑点，如图 10-2-3 所示，使用前检查横担应牢固、无倾斜，且有防止救援绳从横担滑落的措施。

图 10-2-2　利用杆根作为地面锚点　　　图 10-2-3　救援绳搭在横担上
作为支撑点

2. 利用杆顶横担作高空锚点

将救援绳一端使用"8"字结固定在横担上，如图 10-2-4 所示。固定点位置垂直于

图 10 - 2 - 4　利用横担作为高空锚点

伤员位置，便于伤员释放。固定前检查横担应牢固、无倾斜，且有防止救援绳从横担滑落的措施。

3. 利用杆顶螺栓作高空锚点

（1）救援人员选取直径 16mm 以上的螺栓作为高空锚点，如图 10 - 2 - 5 所示，使用前检查螺母应无松动。使用时将救援绳尾穿过螺栓，在主绳上缠绕 2～3 圈（增加救援绳摩擦力）后与伤员固定。

（2）主绳使用双套结临时固定在牢固的构件上，如图 10 - 2 - 6 所示。防止悬挂伤员的后备绳解除后，救援绳受力向下滑动造成伤员坠落。

图 10 - 2 - 5　选择螺栓作为高空锚点

图 10 - 2 - 6　主绳使用双套结
固定在构件上

4. 伤员挂点

救援绳绳尾穿过伤员安全带后背挂环后，使用布林结固定，如图 10 - 2 - 7 所示。

5. 救援人员、伤员挂点

（1）救援人员。使用安全带后备绳穿过 U 形环与救援人员安全带两侧挂环连接。

（2）伤员。使用安全带后备绳穿过 U 形环与伤员安全带后背挂环连接，如图10 - 2 - 8 所示。

图 10 - 2 - 7　伤员挂点

图 10 - 2 - 8　救援人员与伤员挂点

6. 救援绳制动点

使用救援绳、U 形环制作意大利半扣进行陪同下放和救援绳制动如图 10 - 2 - 9 所示。使用时，救援绳、后备绳在 U 形环内不得缠绕，确保救援绳下放和制动通畅。

图 10 - 2 - 9　救援绳制动点

二、双人释放

适用于配电高处伤害发生后，现场仅有 2 名工作人员时的救护方案，如图 10 - 2 - 10 所示。

图 10 - 2 - 10　双人高空释放

1. 高空锚点

（1）选用水泥杆杆身作为锚点，位置在救援人员脚扣上方；使用救援绳（或传递绳）在杆身上采用双套结固定，绳尾用平结或渔夫结制作绳环；安全带后备绳用抓结固定在救援绳上，形成稳固锚点，如图 10 - 2 - 11 所示。

（2）救援绳选用横担、螺栓等牢固的构件的平面或弧面作为锚点，如图 10 - 2 - 12 所示；选用前检查构件应稳固，有防止救援绳滑脱的措施。

2. 伤员挂点

救援绳绳尾穿过伤员安全带后背挂环后，使用布林结固定，如图 10 - 2 - 13 所示。

3. 地面牵引

牵引员在指挥员的指挥下，根据伤员的高度和释放通道障碍物及时调整释放角度，如图 10 - 2 - 14 所示。

图 10 - 2 - 11　选用杆身作为高空锚点

图 10 - 2 - 12　救援绳承力点选择

图 10 - 2 - 13　伤员挂点

图 10 - 2 - 14　地面牵引

三、三人释放

适用于配电高处伤害发生后，现场仅有 3 名工作人员时的救护方案，如图 10 - 2 - 15
所示。

图 10 - 2 - 15　三人高空释放

1. 地面锚点

利用地锚拉杆（或杆根、树木、车辆等牢固的构筑物）作为锚点，如图 10 - 2 - 16 所示；使用时将救援绳一端穿过地锚拉杆心形环，根据救援绳的摩擦力及伤员重量可适当将救援绳缠绕 2～3 圈增加摩擦力。

2. 高空锚点

将救援绳一端穿过横担作为锚点，固定点位置垂直于伤员位置，便于伤员释放；固定前检查横担应牢固、无倾斜，且有防止救援绳从横担滑落的措施，如图 10 - 2 - 17 所示。

图 10 - 2 - 16　利用地锚拉杆作为锚点　　图 10 - 2 - 17　利用横担作为高空锚点

3. 伤员挂点

救援绳绳尾穿过伤员安全带后背挂环后，使用布林结固定；牵引绳绳尾穿过伤员安全带腰带后面挂环，使用布林结固定，如图 10 - 2 - 18 所示。

4. 地面牵引

牵引员在指挥员的指挥下，根据伤员的高度和释放通道障碍物及时调整释放角度，如图 10 - 2 - 19 所示。

图 10 - 2 - 18　伤员挂点　　　　　　图 10 - 2 - 19　地面牵引

四、多人释放

适用于配电高处伤害发生后，现场有 3 名以上工作人员时的救护方案，如图 10 - 2 - 20 所示。

图 10 - 2 - 20　多人高空释放

1. 地面锚点

现场救援人数在 3 人以上时，可不借助地面构筑物作为锚点，利用地面救援人员作为锚点，如图 10 - 2 - 21 所示；使用时，救援人员交叉站在救援绳的两侧，根据伤员重量调整救援绳角度，合力控制救援绳下降。

2. 高空锚点

将救援绳一端穿过横担作为锚点，固定点位置垂直于伤员位置，便于伤员释放，如图 10 - 2 - 22 所示；固定前检查横担应牢固、无倾斜，且有防止救援绳从横担滑落的措施。

图 10 - 2 - 21　二人作为地面锚点　　　图 10 - 2 - 22　电杆横担作为高空锚点

3. 伤员挂点

救援绳绳尾穿过伤员安全带后背挂环后，使用布林结固定，如图 10 - 2 - 23 所示；牵引绳绳尾穿过伤员安全带腰带后面挂环，使用布林结固定。

4. 地面牵引

牵引员在指挥员的指挥下，根据伤员的高度和释放通道障碍物及时调整释放角度，如图 10 - 2 - 24 所示。

图 10 - 2 - 23　伤员挂点　　　　　图 10 - 2 - 24　地面牵引

第三节　多层配电线路高空伤害伤员释放

多层架空配电线路如图 10 - 3 - 1 所示。当伤员伤害地点发生在配电线路上层、下方有一层或多层线路时，释放通道被阻隔，为避免伤员二次伤害或伤员卡挂住，影响救援时间，可选择陪同穿越或辅助跨越释放。

（a）钢筋混凝土电杆　　　　　　　（b）钢管电杆

图 10 - 3 - 1　同杆架设的多层电力线路

一、救援人员陪同穿越导线释放

救援人员陪同穿越导线释放，如图 10 - 3 - 2 所示。

当救护现场下放通道比较狭小，且伤员伤势较重，可选择陪同释放，加强对伤员的保护。对阻隔伤员释放的接户线、弱电线路等附属物，可采取剪断或拆除的方式，如图10-3-3所示，保证释放通道畅通。

图 10-3-2　陪同释放

图 10-3-3　剪断或拆除附属物

该方案在操作过程中，救护人员需要控制绳索下降，保护伤员，适时调整下降角度和速度，对救护人员的体力要求苛刻。在救护过程中，若救护人员体力不支，有可能造成事故扩大。

二、救援人员高处辅助跨越障碍释放

伤员下层配电线路为 10kV 线路或 0.4kV 线路时，如图 10-3-4 所示，禁止采用突然剪断导线的方法松线，防止剪断导线造成跑线伤人，影响杆基稳定性。在较短时间内无法清除时，可采用辅助跨越障碍释放，如图 10-3-5 所示。

图 10-3-4　三层架空配电线路

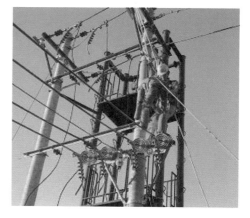

图 10-3-5　单人陪同辅助跨越障碍释放

该方案在操作过程中是否顺利跨越障碍物，需要救援绳释放速度、牵引绳牵引角度、杆上辅助人员的站位和动作密切配合一致，否则有可能使伤员触碰障碍物，造成二次伤害。目前还存在部分配电线路配电台区线路老化、三线搭挂等线路，这些配电线路易发故障，需要工作人员登高维修，发生高空伤害事件的概率较高。

在近年来的网改工程中，同杆架设多层线路、杆架变压器、开关等附属安装，致使员工高空作业劳动强度大、作业时间长，高空伤害事件增多。

需要说明的是，本节提出的救护用具制作、固定点选择、伤员释放、救援人数、救护步骤等技术要点，需根据救护现场实际，各种技术灵活组合运用，快速形成救援方案，维持伤员生命，减少伤员疼痛，尽快使伤员脱困，为伤员赢取宝贵的时间。

第四节　触　电　伤　害

【案例】　2018 年 10 月 10 日，10kV 11 号实训线实训 1 号台架变发生计量故障，某配电营业班四名工作人员对实训 1 号变计量装置进行维修，工作人员赵××在工作过程中误碰带电部位发生触电。

触电现场如图 10-4-1 所示，救护现场如图 10-4-2 所示。

图 10-4-1　触电现场

图 10-4-2　救护现场

一、救护人员 A 的救护作业内容

1. 分配救护任务

救援指挥人员临危不惧，采取确保救护安全的措施，快速形成救援方案，分配救援任务，如图 10-4-3 所示。

2. 拨打求助电话

(1) 拨打 120 电话。

(2) 拨打电话向上级汇报，如图 10-4-4 所示。

3. 准备高压绝缘操作杆

使用高压绝缘操作杆做伤员下放牵引，如图 10-4-5 所示（事故点为变压器台架，距离地面较低）。

图 10 - 4 - 3　救护人员 A 的作业内容　　　图 10 - 4 - 4　拨打求助电话

4. 协助救援人员 B 扶梯登高

救援人员通力合作，利用梯子快速登高，如图 10 - 4 - 6 所示。

图 10 - 4 - 5　高压绝缘操作杆　　　　　图 10 - 4 - 6　利用梯子登高

5. 伤员释放牵引

使用高压绝缘操作杆做伤员释放牵引，如图 10 - 4 - 7 所示。

6. 心肺复苏救护

对伤员迅速、就地、准确、坚持实施心肺复苏救护，如图 10 - 4 - 8 所示。

二、救护人员 B 的救护作业内容

1. 准备救护用具

准备登高用具、验电器、传递绳、救护用具（用工作服制作的简易颈托），如图 10 - 4 - 9 所示。

图 10 - 4 - 7　使用高压绝缘
操作杆做伤员释放牵引

图 10 - 4 - 8　心肺复苏法

2. 停电

停电拉闸先后顺序为低压侧、高压侧，跌落式熔断器停电拉闸先后顺序为中间相、下风侧、上风侧，如图 10 - 4 - 10 所示。

图 10 - 4 - 9　准备救护用具

图 10 - 4 - 10　跌落式熔断器拉闸顺序

3. 验电

按《国家电网公司电力安全工作规程》（配电部分）第 4.1.2 条进行验电，如图 10 - 4 - 11 所示，确保救护工作范围已停电并装设接地线。

4. 救助伤员

（1）触电者脱离电源后，应迅速将伤员扶卧在救护人的安全带上（或在适当地方躺平），迅速判断其意识和呼吸是否存在，若呼吸已停止，开放气道后立即口对口（鼻）吹气 2 次，再测试颈动脉，如有搏动，则每 5s 继续吹气 1 次；若颈动脉无搏动，可用空心拳头叩击心前区 2 次，促使心脏复

图 10 - 4 - 11　用高压验电器验电

跳。为使抢救更为有效，应立即设法将伤员营救至地面，并继续按心肺复苏法坚持抢救。

（2）使用工作服上衣制作临时颈托，防止伤员气道闭塞，如图 10 - 4 - 12 所示。

5. 指挥伤员释放

检查伤员释放通道，避开障碍物，指挥下放速度和角度，如图 10 - 4 - 13 所示。

图 10 - 4 - 12 　制作临时颈托　　　　图 10 - 4 - 13 　释放伤员

三、救护人员 C 的救护作业内容

1. 准备救护用具

配合救护人员 B 准备救护用具，如图 10 - 4 - 14 所示。

2. 制作临时担架

救护人员 C 和 A 利用现场木棍 ＋ 工作服上衣制作临时担架，如图 10 - 4 - 15 所示。

图 10 - 4 - 14 　准备救护用具　　　　图 10 - 4 - 15 　制作临时担架

3. 固定地面绳索

利用现场树木根部作为地面锚点，如图 10 - 4 - 16 所示。

4. 伤员下放绳索控制

在 B 的指挥下，控制救援绳索，如图 10 - 4 - 17 所示。

图 10-4-16 固定地面绳索　　　　　图 10-4-17 控制伤员下放绳索

第五节 电 弧 烧 伤

【案例】 2018 年 10 月 10 日，台风过后，某配电抢修班四人对线路进行巡视，发现 10kV 11 号实训线实训 1 号台架变 C 相跌落开关跌落，在汇报单位并许可后，工作人员赵××登杆对 C 相跌落开关进行处理，因开关上侧带电造成相间短路产生电弧，造成赵××身体上臂烧伤。

事故现场和救援现场如图 10-5-1 和图 10-5-2 所示。

图 10-5-1 事故现场　　　　　　图 10-5-2 救援现场

一、救护人员 A 的救护作业内容

1. 分配救护任务

救援指挥人员临危不惧，采取确保救护安全的措施，快速形成救援方案，分配救援任务，如图 10-5-3 所示。

2.准备接地线

准备接地线用作伤员下放牵引,如图 10-5-4 所示(事故点为跌落式熔断器)。

图 10-5-3 分配救护任务   图 10-5-4 准备接地线

3.拨打求助电话

(1)拨打调控中心电话。

(2)拨打 120 电话。

(3)拨打电话向上级汇报,如图 10-5-5 所示。

4.伤员下放牵引

使用接地线做伤员下放牵引,如图 10-5-6 所示。

图 10-5-5 拨打求助电话   图 10-5-6 伤员下放牵引

5.地面救护

实施地面救护,如图 10-5-7 所示。

二、救护人员 B 的救护作业内容

1.准备救护用具

准备登杆用具、传递绳、救护用具(衣服、塑料薄膜、清洁布片),如图 10-5-8 所示。

图 10-5-7　实施地面救护　　图 10-5-8　准备救护用具

2.验电

按《国家电网公司电力安全工作规程》(配电部分)第 4.1.2 条进行验电,确保救护工作范围已停电,如图 10-5-9 所示。

3.救助伤员

(1)安抚伤员情绪,判断伤员意识和伤情。

(2)若触电者衣服被电弧光引燃时,应迅速扑灭其身上的火源,方法可利用衣服、湿毛巾等扑火。

(3)伤口全部用清洁布片覆盖,防止污染,如图 10-5-10 所示。

图 10-5-9　验电

4.指挥伤员下放

检查伤员下放通道,避开障碍物,指挥下放速度和角度,如图 10-5-11 所示。

图 10-5-10　救助伤员　　　　图 10-5-11　指挥下放速度和角度

三、救护人员 C 的救护作业内容

1.准备救护用具

准备救护用具(传递绳、后备绳),如图 10-5-12 所示。

2. 协助 B 登杆

监护救护人员 B 登杆，纠正不安全行为，如图 10 - 5 - 13 所示。

图 10 - 5 - 12　准备救护用具　　　　图 10 - 5 - 13　协助、监护人员登杆

3. 固定地面绳索

利用杆根做地面锚点，如图 10 - 5 - 14 所示。

4. 伤员下放绳索控制

在救护人员 B 的指挥下，控制救援绳索，如图 10 - 5 - 15 所示。

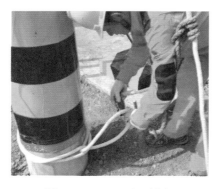

图 10 - 5 - 14　地面锚点　　　　图 10 - 5 - 15　控制救援绳索

第六节　机　械　损　伤

【案例】　2018 年 10 月 10 日，某配电抢修班四人对 10kV 11 号实训 1 号台架变低压线路进行巡视，发现 0.4kV 实训线 1 号杆至 2 号杆线路弧垂过大，经测量对地安全距离不够，在汇报单位得到许可并采取停电措施后，对 0.4kV 实训线 1 号杆收紧导线作业，由于紧线机锁紧机构失灵，赵××手臂夹在紧线机与导线内角侧，造成右手臂皮肤开裂并大量出血。

机械损伤事故现场和救援现场如图10-6-1和图10-6-2所示。

图 10-6-1　机械损伤事故现场

图 10-6-2　救援现场

一、救护人员 A 的救护作业内容

1. 分配救护任务

救援指挥人员临危不惧，采取确保救护安全的措施，快速形成救援方案，分配救护任务，如图10-6-3所示。

2. 拨打求助电话

（1）拨打120电话。

（2）拨打电话向上级汇报，如图10-6-4所示。

图 10-6-3　分配救护任务

图 10-6-4　拨打求助电话

3. 伤员下放牵引

使用传递绳做伤员下放牵引，如图10-6-5所示。

4. 地面救护

快速送医疗部门救治，如图10-6-6所示。

图 10-6-5　伤员下放牵引

图 10-6-6　地面救护

二、救护人员 B 的救护作业内容

1. 准备救护用具

准备登高用具、传递绳，救护用具（工具包背带、安全带副带、毛巾、布条等），如图 10-6-7 所示。

2. 登杆

登杆全过程系安全带，如图 10-6-8 所示。

图 10-6-7　准备救护用具

图 10-6-8　系好安全带登杆

3. 救助伤员

（1）安抚伤员情绪，判断伤员意识和伤情。

（2）立即用清洁手指压迫出血点上方（近心端），使血流中断，并将出血肢体抬高或举高，以减少出血量。用止血带或弹性较好的布带等加压止血，如图 10-6-9 所示。

4. 指挥伤员下放

检查伤员下放通道，避开障碍物，指挥下放速度和角度，如图 10 - 6 - 10 所示。

图 10 - 6 - 9　在杆上为伤员止血　　　　图 10 - 6 - 10　指挥伤员下放

三、救护人员 C 的救护作业内容

1. 准备救援用具

准备导线作救援绳（因事故点距离地面较高，现场绳索长度不够），如图 10 - 6 - 11 所示。

2. 协助 B 登杆

监护 B 登杆，纠正不安全行为，如图 10 - 6 - 12 所示。

图 10 - 6 - 11　准备救援用具　　　　图 10 - 6 - 12　协助、监护人员登杆

3. 固定地面绳索（导线）

利用电杆拉线底部金具作为地面锚点，如图 10 - 6 - 13 所示。

4. 伤员下放绳索控制

在 B 的指挥下，控制救援绳索，如图 10 - 6 - 14 所示。

图 10-6-13　利用拉线底部
金具作为地面锚点

图 10-6-14　控制下放伤员
绳索

第七节　昏　厥（中　暑）

【案例】　2018 年 10 月 10 日，天气炎热，某配电施工班四人对 10kV 实训线进行线路架设，施工人员赵××对 10kV 实训线 01 号杆进行紧线作业，由于长时间劳作，再加上天气炎热，施工人员赵××在杆顶施工中暑且无意识。

杆上中暑事故现场和救援现场如图 10-7-1 和图 10-7-2 所示。

图 10-7-1　杆上中暑事故现场

图 10-7-2　杆上中暑
事故救援现场

一、救护人员 A 的救护作业内容

1. 分配救护任务

救援指挥人员临危不惧，采取确保救护安全的措施，快速形成救援方案，分配救援任务，如图 10-7-3 所示。

2. 协助 B 登高

监护 B 登杆，纠正不安全行为，如图 10-7-4 所示。

图 10-7-3　分配救援任务　　　　图 10-7-4　协助、监护登杆

3. 拨打求助电话

（1）拨打 120 电话。

（2）拨打电话向上级汇报，如图 10-7-5 所示。

4. 伤员下放牵引

使用传递绳做伤员下放牵引，如图 10-7-6 所示。

图 10-7-5　拨打求助电话　　　　图 10-7-6　伤员下放牵引

5. 地面救护

（1）应立即将伤员转移到阴凉通风处休息。用冷水擦浴，湿毛巾覆盖身体，或在头部置冰袋等方法降温，并及时给员口服盐水，如图 10-7-7 所示。

（2）严重者送医院治疗。

二、救护人员 B 的救护作业内容

1. 准备救护用具

准备登高用具、传递绳、救护用具（湿毛巾、瓶装水、临时颈托），如图 10 - 7 - 8 所示。

图 10 - 7 - 7　地面救护中暑伤员　　　图 10 - 7 - 8　准备救护用具

2. 登杆

登杆全过程系安全带，如图 10 - 7 - 9 所示。

3. 救助伤员

（1）安抚伤员情绪，判断伤员意识和伤情。

（2）掐伤员人中穴、合谷穴，促醒。

（3）给伤员补水、降温，如图 10 - 7 - 10 所示。

图 10 - 7 - 9　登杆　　　　　图 10 - 7 - 10　杆上救护伤员

4. 指挥伤员下放

检查伤员下放通道，避开障碍物，指挥下放速度和角度，如图 10 - 7 - 11 所示。

三、救护人员 C 的救护作业内容

1. 准备救援用具

准备救援绳、传递绳、后备绳，如图 10-7-12 所示。

图 10-7-11　指挥伤员下放　　　图 10-7-12　准备救援用具

2. 制作临时担架

救援人员 C 和救援人员 A 共同制作临时担架，如图 10-7-13 所示。

3. 固定地面绳索

利用杆根做地面锚点，如图 10-7-14 所示。

4. 伤员下放绳索控制

在救援人员 B 的指挥下，控制救援绳索，如图 10-7-15 所示。

图 10-7-13　制作临时担架　　　图 10-7-14　利用杆根　　　图 10-7-15　伤员下放绳索控制
作为地面锚点

复 习 思 考 题

1. 高空救援原则是什么？高空救援步骤是怎样的？

2. 什么叫高空伤员释放？什么是单人陪同释放？

3. 双人释放、三人释放和多人释放都适用于哪些情形？

4. 什么是多层配电线路？有什么特点？

5. 从多层配电线路杆塔上释放高空伤害伤员应注意哪些事项？采取什么措施？

6. 救援人员陪同穿越导线释放高空伤害伤员的做法是怎样的？

7. 救援人员高处辅助跨越障碍释放高空伤害伤员的做法是怎样的？

8. 有三名救护人员在触电伤害现场，救护人员 A、救护人员 B、救护人员 C 的救护作业内容各是什么？

9. 有三名救护人员在电弧烧伤现场，救护人员 A、救护人员 B、救护人员 C 的救护作业内容各是什么？

10. 有三名救护人员在机械损伤现场，救护人员 A、救护人员 B、救护人员 C 的救护作业内容各是什么？

11. 有三名救护人员在昏厥（中暑）现场，救护人员 A、救护人员 B、救护人员 C 的救护作业内容各是什么？

参 考 文 献

［1］ 闪淳昌，薛澜. 应急管理概论——理论和实践［M］. 北京：高等教育出版社，2012.

［2］ 王抒祥. 电力应急管理理论与实践［M］. 北京：中国电力出版社，2015.

［3］ 王抒祥. 电力应急社会价值实践［M］. 北京：中国电力出版社，2015.

［4］ 王抒祥. 电力应急指挥决策［M］. 北京：中国电力出版社，2015.

［5］ 王抒祥. 电网运营典型自然灾害特征分析［M］. 北京：中国电力出版社，2015.

［6］ 杨建华，贺鸿. 电网企业应急管理［M］. 北京：中国电力出版社，2012.

［7］ 田迎祥. 电力生产现场自救急救［M］. 北京：中国电力出版社，2018.

［8］ 田迎祥. 电网企业应急救援［M］. 北京：中国电力出版社，2018.

［9］ 田迎祥. 电网企业应急救援问答［M］. 北京：中国电力出版社，2018.

［10］ 国家电网公司安全监察质量部. 国家电网公司应急救援培训试题库［M］. 北京：中国电力出版社，2013.

［11］ 国网浙江省电力公司培训中心. 电网企业应急救援系列丛书 电网企业应急救援装备使用技术［M］. 北京：中国电力出版社，2016.

［12］ 国网浙江省电力公司培训中心. 电网企业应急救援系列丛书 电网企业应急管理基础知识［M］. 北京：中国电力出版社，2016.

［13］ 国网浙江省电力公司培训中心. 电网企业应急救援系列丛书 电网企业应急救援技术［M］. 北京：中国电力出版社，2016.

［14］ 国网浙江省电力公司培训中心. 电网企业应急救援系列丛书 电网企业应急救援案例分析［M］. 北京：中国电力出版社，2016.

［15］ 国家森林防火指挥部办公室，中国人民武装警察部队警种学院. 森林防火工作指南 森林消防专业队实用手册［M］. 北京：中国林业出版社，2015.

［16］ 苗金明. 现代安全技术管理系列丛书 事故应急救援与处置［M］. 北京：清华大学出版社，2012.

［17］ 国家安全生产监督管理总局宣传教育中心. 生产经营单位安全生产教育培训教材系列（通用类）有限空间作业安全培训教材［M］. 2版. 北京：团结出版社，2015.

［18］ 廖学军. 有限空间作业安全生产培训教材［M］. 北京：气象出版社，2009.

［19］ 李涛，张敏，缪剑影，等. 密闭空间职业危害防护手册［M］. 北京：中国科学技术出版社，2006.

［20］ 施文. 有毒有害气体检测仪器原理和应用［M］. 北京：化学工业出版社，2009.

［21］ 夏艺，夏云风. 个体防护装备技术［M］. 北京：化学工业出版社，2008.

［22］ 佘启元. 个体防护装备技术与检测方法［M］. 广州：华南理工大学出版社，2008.

［23］ 于殿宝. 事故管理与应急处置［M］. 北京：化学工业出版社，2008.

［24］ 国家安全生产监督管理总局宣传教育中心. 危险化学品生产单位主要负责人和安全生产管理人员培训教材［M］. 北京：冶金工业出版社，2009.

［25］ 国家安全生产监督管理总局宣传教育中心，中华全国总工会劳动保护部. 职工安全生产知识读本［M］. 北京：中国工人出版社，2006.

[26] 兰成杰. 电力生产现场作业安全技术措施 [M]. 北京：中国电力出版社，2016.

[27] 胡中流. 电力生产现场职业健康监护措施 [M]. 北京：中国电力出版社，2016.

[28] 王晋生. 电力生产危险化学品安全使用与现场应急处置 [M]. 北京：中国电力出版社，2019.

[29] 朱国营. 绳索救援技术 [M]. 广州：广东教育出版社，2018.

[30] 秦琦. 电力应急救援技术手册 [M]. 北京：中国电力出版社，2016.

[31] 秦琦. 供电企业应急技能及基本装备应用 [M]. 北京：中国电力出版社，2014.

[32] 李静，杨彦春. 灾后本土化心理干预指南 [M]. 北京：人民卫生出版社，2012.

[33] 沃建中. 灾后心理危机研究——"5·12"汶川地震心理危机干预的调查报告 [M]. 北京：北京航空航天大学出版社，2008.

[34] 广东电网有限责任公司应急抢修中心. 电力系统应急指挥通信系统设计与应用 [M]. 北京：中国电力出版社，2019.

[35] 国家能源局. 电力应急通信设计技术规程：DL/T 5505—2015 [S]. 北京：中国计划出版社，2015.

[36] 杨建华，贺鸿. 电网企业应急管理 [M]. 北京：中国电力出版社，2012.

[37] 胡雪慧，张慧杰. 灾害应急与卫勤演练医疗救援护理手册 [M]. 西安：第四军医大学出版社，2015.

[38] 国家电网公司. 国家电网公司应急救援基干分队管理规定 [M]. 北京：中国电力出版社，2017.

[39] 国家能源局法制和体制改革司. 《电力安全事故应急处置和调查处理条例》及配套政策法规汇编 [M]. 杭州：浙江人民出版社，2013.

[40] 张丽莎，陈宝珍. 突发事件来临，你准备好了吗？——学习国家应急预案 [M]. 北京：科学出版社，2009.

[41] 辛晶，杨红瑞，张鹏. 灾害事故避险及应急 [M]. 北京：化学工业出版社，2014.

[42] 李洁. 新领导智库书系 从容不迫的领导者突发事件应对 [M]. 北京：红旗出版社，2012.

[43] 王如意. 突发事件应急演练与处置对策 [M]. 天津：天津人民出版社，2011.

[44] 上海市民防特种救援中心. 上海市民防救援专业队伍训练大纲与考核细则 [M]. 上海：同济大学出版社，2018.

[45] 上海市化学事故应急救援办公室. 化学事故防护与救援 [M]. 上海：上海科学普及出版社，1991.

[46] 夏益华，陈凌，马吉增，等. 核应急监测分队手册 [M]. 北京：原子能出版社，2009.

[47] 邱会国. 核事故应急准备与响应手册 [M]. 北京：中国环境科学出版社，2012.

[48] 康伟军. 地震灾后应急救援中的破拆技术分析 [J]. 中文信息，2015（6）.

[49] 陈维锋，王云基，顾建华，等. 地震灾害搜索救援理论与方法 [M]. 北京：地震出版社，2008.

[50] 顾建华，王云基，陈维锋，等. 搜索理论与建筑物评估和标记问题的讨论 [J]. 国际地震动态，2003（7）：5-12.

[51] 孔平，任利生. 地震应急救助技术与装备概论 [M]. 北京：地震出版社，2001.

[52] 赵正宏，等. 应急救援装备选择与使用 [M]. 北京：中国石化出版社，2007.

[53] 云滢. 结绳大全 [M]. 北京：光明日报出版社，2012.

[54] 李国辉. 浅谈摘除马蜂窝的救援行动 [J]. 消防技术与产品信息，2009（6）：24-26.

[55] 马荣华，李俊飞. 心肺脑复苏时开放气道的方法 [J]. 西藏医药杂志，2012，33（1）.

[56] 王东明，郑静晨，李向晖. 灾害医学中的检伤分类 [J]. 中国灾害救援学会，2014（4）.

[57] 赵伟. 灾害救援现场的检伤分类方法——评述院外定性与定量法 [J]. 中国急救复苏与灾害医学杂志，2007（5）.

[58] 姚元章，丁茂乾. 灾难应急救援转运新策略 [J]. 中华卫生应急电子杂志，2016（2）.

［59］ 杨雅娜，罗羽，刘秀娜，等. 重大灾害后大批伤员转运管理中心的研究进展 ［J］. 护理管理杂志，2009（2）.

［60］ 周芬，陈一峰. 挤压伤的院前急救 ［J］. 医护论坛，2010，17（33）.

［61］ 刘芳，付平，陶冶，等. 地震灾害后挤压综合征及急性肾功能衰竭救治——汶川地震特稿 ［J］. 中国实用内科杂志，2008，28（7）.

［62］ 张斌，刘凤. 挤压综合征的早期识别和处理 ［J］. 中国全科医学，2008（9）.

［63］ 何庆，杨旻，姚蓉. 对地震挤压伤员院前急救的反思与研讨 ［J］. 华西医学，2009，24（4）.

［64］ 薛长江，夏玉静，刘嘉瀛. 冷损伤临床研究进展 ［J］. 中国职业医学，2015，42（3）.

［65］ 张婕. 急性一氧化碳中毒的护理 ［J］. 中国药物与临床，2019，19（3）.

［66］ 覃仕跃，张远聪，陈静清，等. 急性一氧化碳中毒院前急救 57 例分析 ［J］. 华夏医学，2017（10）.

［67］ 王月丹. 洪灾过后话防疫 ［N］. 人民政协报，2017-07-12.

［68］ 罗增让，郭春涵. 灾难心理健康教育的创新方法 ［J］. 医学与哲学，2015，36（9）.

［69］ 邓明昱. 创伤后应激障碍的临床研究新进展（DSM-5 新标准）［J］. 中国健康心理学杂志，2016，24（5）.

［70］ 秦妍，刘艳，陈娅，等. 浅析有限空间作业事故应急救援对策 ［J］. 职业卫生与应急救援，2016（2）.

［71］ 王辉. 重度急性氯气中毒急救与护理体会 ［J］. 临床心身疾病杂志，2015（12）.

［72］ 李小林. 高处坠落伤的院外急救护理体会 ［J］. 吉林医学，2014，35（10）.

［73］ 茌圆圆，常运立，程祺. 创伤后应激障碍暴露疗法的争议 ［J］. 中国医学伦理学，2018（2）.

［74］ 刘艺. 论延迟暴露疗法与系统脱敏法的异同 ［J］. 牡丹江教育学院学报，2015（8）.

［75］ 贺庆莉. 从汶川地震反思我国突发灾难事件后的心理援助服务 ［J］. 湖南第一师范学报，2009（3）：143-145.

［76］ ［美］查理德·格里格，菲利普·津巴多. 心理学与生活 ［M］. 王垒，等，译. 北京：人民邮电出版社，2016.

［77］ 李小霞，王卫红. 美国灾难心理服务对我国灾后心理重建的启示 ［J］. 四川教育学院学报，2009（5）.

［78］ 罗增让，郭春涵. 灾难心理健康教育的创新方法 ［J］. 医学与哲学，2015，36（9）.